晓霞 编著

走自己的路

别和自己较劲

煤炭工业出版社
·北京·

图书在版编目（CIP）数据

走自己的路，别和自己较劲/晓霞编著. –北京：煤炭工业出版社，2019（2021.5重印）
　　ISBN 9787502073916

Ⅰ.①走… Ⅱ.①晓… Ⅲ.①人生哲学—通俗读物 Ⅳ.①B82149

中国版本图书馆CIP数据核字（2019）第058228号

走自己的路，别和自己较劲

编　　著	晓　霞
责任编辑	马明仁
编　　辑	郭浩亮
封面设计	浩　天
出版发行	煤炭工业出版社（北京市朝阳区芍药居35号　100029）
电　　话	01084657898（总编室）　01084657880（读者服务部）
网　　址	www.cciph.com.cn
印　　刷	三河市京兰印务有限公司
经　　销	全国新华书店
开　　本	880mm×1230mm $^1/_{32}$　印张 $7^1/_2$　字数 150千字
版　　次	2019年7月第1版　2021年5月第2次印刷
社内编号	20180643　定价 38.80元

版权所有　违者必究

本书如有缺页、倒页、脱页等质量问题，本社负责调换，电话：01084657880

前言

现代心理学是一门研究人类心理活动的科学，但一般人对它常有很大的误解。"你是学心理学的，那你说说我现在在想什么？"当有人得知你是从事心理学专业的时候，常常会好奇地提出这样的疑问。其实心理活动并不仅仅是指人当下的所思所想，它包含更丰富的内容。而心理学家也无法一眼看穿你的内心。

事实表明，近年来，人们的各种心理问题有了明显的增长趋势，抑郁、孤独、烦恼、空虚和无聊成为现代社会生活中的常见现象，遭遇心理困惑产生心理障碍的人也越来越多。如果这些人得不到及时的治疗和帮助，就有可能成为一个心理疾病患者，丧失正常工作和生活的能力，更有甚者会在心理能量积聚到某一临界点时发生"爆炸"，酿成自杀或攻击他人，报复

社会的悲剧。

所以，为了避免这类事情的发生，我们就非常有必要学一点心理学知识，因为它能使我们在社会交往中把握分寸、洞悉对方，大大提高人际交往能力。而且，学习一些心理学之后我们就会知道，如何提高生活质量、保障身心健康。

基于此，本书就根据人类社会生活的各种现实，从探索人的内心世界出发，去观察、理解人的心理活动，尽可能地帮助人们学会引导，并控制自己的思维方式、情绪及行为。

当我们能够认识到心理学的重要作用的时候，我们即成为这个星球上全新的、完全不同的物种：唯一能审视自己的思维和行为、且能对之进行改变的动物。这在进化史上无疑迈出了巨大的一步。

该书中所叙述的正是带给人类完美心理的旅程图，是所有人类探求心理秘密的最大释放。

目 录

|第一章|

把握自我

认识自我，准确定位人生 / 3

接受自己，完善人生 / 11

检视自我 / 17

把握自我 / 25

剖析自我 / 32

内省迸发潜能 / 40

塑造心像，培养自信心 / 47

生命全靠我们自己管理 / 53

正人必先正己 / 60

|第二章|

驱赶内心的忧虑和恐惧

不要让忧虑影响你的心理 / 67

"没空去忧虑" / 75

活动可以驱赶忧虑 / 84

走出恐惧与懦弱 / 91

如何克服内心的恐惧 / 96

战胜恐惧 / 101

目 录

|第三章|

战胜压力，快乐生活

健康与压力的关系 / 107

压力对心理的影响 / 113

压力可以变成动力 / 121

战胜压力，快乐生活 / 129

不要让压力打垮你 / 139

学会给自己减压 / 143

|第四章|

消除不良思想

宽容 / 155

消除不良思想 / 161

消除嫉妒心理 / 164

莫陷入自卑的泥沼 / 168

改变懦弱 / 175

消除颓废思想 / 182

建立自信 / 188

目 录

|第五章|

探索心理世界

培养快乐的积极心态 / 199

顺其自然 / 204

快乐背后的心理世界 / 212

克服浮躁心理 / 219

感激生活 / 225

第一章　把握自我

第一章 把握自我

认识自我，准确定位人生

张其金曾在一次谈话中说：“对于一个人来说，认识自我是非常必要的，因为只有认识了自我，才能掌控自己的命运。这是一种自我觉醒的能力，这种能力能够使自己清楚地了解自己的情绪，能够使自己不断地调整自己处理事物的心态、能让自己意识到心理和本能的冲动及其对他人的影响，能够感知、了解和有效地利用情绪的能力与智能。”

在我们了解了这个问题的同时，社会心理学家也为我们指出，自我认识是人的"第二次诞生"，即继肉体诞生之后，精神自我的诞生，一个人只有精神得到了升华，他的生

命才能更加完善，才能做到自识者智，自知者明。也就是说，一个人不管在什么情况下，他都能够冷静地面对自己的情绪、脾性、心理状态并做出较为客观、准确、实际的审视与评价，最终做出及时的反省，以一种很自然的、幽默的形式表现出来。

战国时期有七个大国，它们是齐、楚、燕、赵、韩、魏、秦，历史上称为"战国七雄"。在这七国当中，秦国最强大。因此，秦国常常凭借自己的强大优势欺侮赵国。

有一次，赵王派一个大臣的手下蔺相如到秦国去交涉。蔺相如见了秦王，凭着机智和勇敢，给赵国争得了不少面子。秦王见赵国有这样的人才，就不敢再小看赵国了。赵王看蔺相如这么能干。就先封他为"大夫"，后封为上卿（相当于宰相）。

蔺相如得到赵王的器重，可气坏了赵国的大将军廉颇。他想：我为赵国拼命打仗，功劳难道还不如蔺相如吗？蔺相如光凭一张嘴，有什么了不起的本领，地位竟然比我还高！他越想越不服气，怒气冲冲地说："我要是碰着蔺相如，要当面给他点儿难堪，看他能把我怎么样！"

第一章　把握自我

　　廉颇的这些话传到了蔺相如耳朵里。蔺相如立刻吩咐他手下的人，叫他们以后碰着廉颇手下的人，千万要让着点儿，不要和他们争吵。他自己坐车出门，只要听说廉颇打前面来了，就叫马车夫把车子赶到小巷子里，等廉颇过去了再走。

　　廉颇手下的人，看见上卿这么让着自己的主人，更加得意忘形了，见了蔺相如手下的人，就嘲笑他们。蔺相如手下的人受不了这个气，就跟蔺相如说："您的地位比廉将军高，他骂您，您反而躲着他，让着他，他越发不把您放在眼里啦！这么下去，我们可受不了。"

　　蔺相如心平气和地问他们："廉将军跟秦王相比，哪一个更厉害呢？"大家都说："那当然是秦王厉害。"蔺相如说："对啊！我见了秦王都不怕，难道还怕廉将军吗？要知道，秦国现在不敢来打赵国，就是因为国内文官武将一条心。我们两人好比是两只老虎，两只老虎要是打起架来，不免有一只要受伤，甚至死掉，这就给秦国造成了进攻赵国的好机会。你们想想，国家的事要紧，还是私人的面子要紧？"

　　蔺相如手下的人听了这一番话非常感动，以后看见廉颇

手下的人都小心谨慎，总是让着他们。

后来，蔺相如的这番话传到了廉颇的耳朵里。蔺相如的大局意识让廉颇深感惭愧。当即他就脱掉一只袖子，露着肩膀，背了一根荆条，直奔蔺相如家。蔺相如连忙出来迎接廉颇。廉颇对着蔺相如跪了下来，双手捧着荆条，请蔺相如鞭打自己。蔺相如把荆条扔在地上，急忙用双手扶起廉颇，给他穿好衣服，拉着他的手请他坐下。这就是历史上著名的"负荆请罪"的典故。

从此后，蔺相如和廉颇成了很要好的朋友。这两个人一文一武，同心协力为国家办事，秦国因此更不敢欺侮赵国了。

从上述故事可以看出，一个人只有正确认识到自己的优点，理性地分析自己的缺点，才能真正全面而客观地进行自我定位。

古希腊阿波罗神殿上刻着一句箴言——"认识你自己"。中国人也说"人贵有自知之明"。可见，自我认识或自我意识能力是一种可贵的心理品质。所谓的自我认识或自我意识，是指个体对自己的存在、自己与他人和周围事物的关系以及对自己行为诸方面的意识或认识。自我意识包括自

第一章　把握自我

我观察、自我评价、自我体验、自我控制等形式。

人贵有自知之明，因为只有你了解自己，才能给自己定好位，别人不知道你在想些什么，老实说，不是大喜大悲时，别人也不知道你是好人还是坏人。在体现人的本质时有三种情况：大喜、大悲和喝醉酒的时候。大喜，有的人得意忘形，大红大紫，但是一紫就烂。在大悲时，又意志消沉。我经常勉励自己，得意不要忘形，失意不要失志。有的人满口的仁义道德，但一喝醉酒什么丑态都出来了。所以在平常工作生活中，别人都不一定了解你，只有你自己才能定好位，树立一个明确的目标，把握好自己的未来。在我们的生活和工作中，就像金字塔一样，每个人都想站在塔尖上，但是不现实。所以我们一定要给自己定好位。在生活中有些人没给自己定好位，老是想怎么样，结果做什么，败什么。

文学巨匠歌德曾经因为没有给自己一个正确的定位，错误地以为自己是一个当画家的料，结果白白浪费了自己十多年的光阴。

美国女影星霍利·亨特曾经竭力避免自己被定位为短小精悍的女人，结果走了一段弯路。后来在经纪人的指导下，她重新根据自己身材娇小、个性鲜明、演技极富弹性的特点

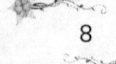

给自己做了重新的定位，出演了《钢琴课》等影片，一举夺得戛纳电影节的"金棕榈"大奖和奥斯卡大奖。

由此可见，他们都是因为没有给自己做出一个正确的定位，没有一个正确的自我意识，所以才走了那么多的弯路。自我意识的确立贵在自知。如果自己都不知道自己是个什么样的人，只会给自己塑造一个糊涂的、充满遗憾的人生。

如果真是给自己定好位，那么生活的空间就会广阔很多。如果你觉得自己是个很有激情的人或感染力的人，你有成为A角的实力和冲动，那你就努力成为A角，成为一个领导者；或者不愿意抛头露面，成为B角也是个不错的选择，而且B角往往是企业的中坚力量。A角的流动性比较大。如通用电器的韦尔奇在经过层层筛选过后，从240人中选择十位作为重点培养对象，后来又经筛选留下三人，后来实在难以取舍，因为他们都有可能取得成功。他经过痛苦的取舍后选择了一位，并使公司在三年内使通用电器的业绩增长了14%。而另外两人离开通用后，一人成为3M公司的CEO，另一人成为家具储运的公司的CEO，并都取得了成功。

所以，人的一生，要根据自己的实际状况来确定自己的自我意识，从而给自己的人生做最恰当的定位。在我们的生

第一章　把握自我

活中有很多成就卓著的人，他们之所以能够取得成功，首先得益于他们有着正确的自我意识。

那么，我们如何才能让自己确立正确的自我意识呢？一般来说，自我意识可以通过两种途径来实现：

一种是通过认识别人来认识自己。一个人究竟有何种性格、何种能力，可以通过与他人的交往、与他人共同协作表现出来。所以通过认识别人来认识自己，是认识自我的重要途径。心理学家提出的"镜中之我"理论所揭示的正是这个问题。"镜中之我"就是指人是通过观察别人对自己行为的反应而形成自我意识、完成自我评价的。

另一种是通过自我观察来认识自己。自我观察也有不同途径：一是通过智力实践活动。人根据自己在记忆、理解、观察、想像、推理等经常的智力活动中的稳定表现，来认识自己在智力方面的能力。通过这些智力活动，他相信自己有着记忆、理解、观察、想像、推理等能力。

二是通过自己反复的情感体验，来体察自己有何种情感特征、有何种意志特征，等等。内省智力是人类独有的，而且也是人类智力的高级形态。荀子那种"三省乎己"的精神正表现了古代贤哲的高度内省智慧和对内省智力的不懈追求。

对于人类来说，能够正确认识自己并不是件容易的事情。为了达到比较客观地认识自己的目的，我们应尽可能地把自我评价与别人对自己的评价相比较，在实际生活中反复衡量。

在这种衡量中，如果我们能够正确地认识自己，就可以建立一种正确的自我心像。

一般而言，成人的心智已经趋于成熟，所以建立自我心像较少年和儿童要容易一些。对于儿童、少年来说，有无良好的自我心像，有无自信心，首先取决于自己的父母是否有良好的自我心像。学龄前儿童中自尊心、自信心较强者，往往有着自信且自尊的父母。应该说，没有良好自我心像和缺乏自信的父母，常常培养不出自信的孩子。也就是说，父母缺乏自信心将对子女形成不良影响。因此，合格的父母应该让孩子有"我是独一无二的"或者"天生我才必有用"的想法，相信自己一定有存在的价值，也一定能够找到存在的价值，一定能够向别人证明我存在的价值。

所以，我们只有对自己作出正确的认识，才能给自己一个正确的定位，最终才能接受自己，完善自己，拥有一场精彩的生命之旅。

第一章 把握自我

接受自己，完善人生

无论自己长得漂亮还不是漂亮，无论自己聪颖还是不聪颖，成功人士都能正视自己的特点，接受自己，爱惜自己。他们并不对自己的本来面目而感到厌烦与羞愧，他们对自己并不加以掩饰，他们不无骄傲地接受自己，也接受别人，因为他们知道自己与他人都是各有长短的，极自然的人。对于不能改变的事物，他们从不抱怨，而是欣然接受自然的本来面目。他们既能在人生旅途中拼搏，积极生活，也能在大自然中轻松地享受。在他们的心底，他们一直坚信：只有勇敢地接受自我，才能突破自我，走上自我发展之路。

有一个作家名叫哈尔顿,为了编写《英国科学家的性格和修养》一书,他曾经采访过达尔文。达尔文的坦率是尽人皆知的。于是,哈尔顿不客气地直接问达尔文:"您的主要缺点是什么?"达尔文答说:"不懂数学和新的语言,缺乏观察力,不善逻辑思维。"哈尔顿又问道:"您的治学态度是什么?"达尔文说:"很用功,但没有掌握学习方法。"

从哈尔顿和达尔文的对话可以看出,正确地分析和评价自己,是获取积极的自我意识的前提。一个人如能发现自己的优点,坦然面对自己的缺点,他就会乐观自信地面对生命中的每一天,而不是犹豫不前或痴痴地等待。

大凡成功人士都深刻地明白这样一个道理:仙人掌有着极强的抗旱能力,但不能在热带雨林生长,鱼可以在江河湖泊里自由游动,但一到陆地便难以生存。这说明每种生物都有自己的特点,所以他们都在各自的人生坐标中寻找着那个属于自己的点,那个适合自己生存的点。因为只有找到这个点,他们才会生活得更好。

在犹太,有一个很年轻的企业家,叫作丹尼。他的创业致富之举,将许多同辈人远远地抛在了身后。

第一章　把握自我

　　说起他的创业过程，其实也很简单。其他人同样也能干下来，但别人却没有这样做。丹尼的行动型性格，使他立即着手干了起来，并给他带来了巨大的利益。

　　丹尼17岁就考进了大学，这也意味着他要离开他出生的地方以及家人，单独住进学校的宿舍里。由于换了新环境，接触的都是刚认识的同学。丹尼不由自主地产生了一种寂寞和思亲之情。他想家，想亲人，更想家中母亲做的蛋糕。

　　有一天，丹尼给家里写信，谈到他到学校后的感触，并特别提到："妈，这里的蛋糕跟家里的不同。"

　　丹尼的信，只不过是想抒发一下心中的情感罢了，他没有想到，几天后，自己竟收到了母亲用特快邮递寄来的包裹。他拆开一看，包裹内竟然是一片小小的蛋糕，并附有一张母亲所写的字条，上面写着："丹尼，请继续把你的思乡之情和需要写在信中寄回来。你想我们，我们也一样在想着你，所以只能用书信来解决这种思乡之情了。"

　　母亲寄来的东西令丹尼很高兴，因而他更加努力地学习和做功课，因为他懂得了一个道理：如果不能改变现状，那就欣

然接受，也许会让自己的生活更好过一些。此时丹尼想到，如果其他在校的同学，都能够像他一样得到安慰就好了。

如果说丹尼仅止于想法而未采取行动，那么后来的一切也许就是另一番景象。但是丹尼做了，他想让自己和所有的同学都能欣然地接受现实。而这也正是他事业的开端。

接着，他就开始给同学的父母们写信，令他大感意外的是，他发出去的信，竟然有很多回信，都希望请他把蛋糕送给自己在外的子女。

对于丹尼来说，办好这件事并不困难，因为他的心情、想法、期望，甚至是气馁、欢乐、失望等，都有着与同学们同样的感受，可以说是大学生们的缩影。因此，他在发信时，只需如实写下自己的感受。就可让其他父母在读到他的信时，比看一些关于大学生的心理与生活方面的报道，更觉得亲切。

于是，丹尼兴致勃勃地把这项工作当作一件正经事来办。

学生的父母，即"客户"们，也乐于让他赚这点钱，因

第一章 把握自我

为金额总数不多,而且送到自己子女手上还有不能以价值来计算的亲情。

丹尼的这门生意越做越红火了。他也在做生意的过程中学到了不少的大学课程中没有的"实践知识"。

一段时间之后,丹尼有了不少收入,他意识到需要增加人手去帮助他发展业务。

随着时间的推移,丹尼需要开工资的人手也越来越多,而且业务量也越来越大,于是丹尼开始往其他的学校进军了,丹尼没想到的是效果一样的好。

就这样,直到丹尼大学毕业那年,美国20%的大学都成了他的业务据点。而那时他已经身价百万了。

对于初来乍到的学子来说,再也没有什么是比远离家人更痛苦的事情了。但为了学业,我们别无选择,现实就是这样残酷,与其抱怨,不如勇敢地面对,像丹尼一样,以另一种积极地方式去改变,我们就会拥有另一种人生。

从这个意义上来说,正确地认识自我,就好像多了一双睿智的眼睛,时时给自己添一点远见、一点清醒、一点对现实更为透彻的体察与认知。凭借这份认知,可以少做一些日

后容易追悔莫及的事情。因此，我们要经常把"自己"放在嘴里嚼一嚼，因为它比捶胸顿足更节省力气，而且它有可能让我们获得意想不到的效果。

第一章　把握自我

检视自我

大凡聪明睿智的人，基本上都能做到"知人者智，自知者明。"一个人可以不知人，却不可以不自知，即你可以不智，却不可以不明。明而不智者，不至于浪费自己的人生，也能够让自己有所收获。智而不明者却会在狂妄中建造只属于自己的坟墓，将自己的一生当作必输的赌资赔付。

对于生活在现实世界的人来说，检视清楚自我，对我们现在以及往后的发展很重要。这就好比建筑一座大厦，它的牢固和稳定与否，完全取决于根基是否扎实。检视我们自己，认清自己，就是我们这座人生大厦的扎实根基。

走自己的路，别和自己较劲

一个人要想认识自己却并非容易之事。人这一辈子，因为没有正确认识自己而做了可悲之事的人大有人在。今天，还有一部分人正是由于不认识自己，不能充分理解当今社会，而受不得一点点挫折、打击，他们悲观、失望、苦恼、抱怨、彷徨，终日在唉声叹气、在无所事事中让自己的时光轻易地溜走，碌碌无为。

我有一个朋友，她是一个心地很善良的女孩儿。刚从学校毕业的时候，因为她对这个世界，对这个社会，甚至对自己都比较茫然，于是，她听从了父母的安排，嫁给了现在的老公。她的老公是一个很细心的人，很顾家，就是脾气有点急。按理说，他们应该是很幸福的一对，但事实并非如此。刚开始的时候，他们的确相处得很融洽，但好景不长，结婚不到两年，他们各自身上的缺点就暴露无遗。于是，两人之间的争吵也就成了家常便饭，闹得双方父母都难安心。

我很为自己的这位朋友惋惜，因为她本该是一个可以生活得很幸福的女人。可是因为她对自己的认识不够，所以活得很累，就像是一个从来就不知道自己站在哪儿，该往哪儿走的迷途的孩子。

第一章　把握自我

　　与她接触时间长的人都知道，她是一个很固执，也很偏激的人。在她的内心里，她认为自己永远都是对的，不会听任何人的劝告。在工作的过程中她屡屡碰壁，可是，她仍然认为自己的能力很强，只是自己的运气不佳，却从来不会考虑自己是否有什么地方需要改进，需要调整。事实上，由于受教育和阅历的限制，她的交流方式很难让一般人接受。所以，她就在无形中让自己陷入一个很被动的包围圈。

　　她一直认为自己很漂亮，很年轻，与老公离婚之后可以再找一个更好的人，可以有更幸福的生活。但她似乎忘了，现实并没有她想的那么简单，况且，她没有倾城倾国的容貌，也不再年轻。应该说，是她自己毁了自己的生活。因为她不能认识自己，所以无法抓住自己该有的幸福。这是一种悲哀，一种活着时的悲哀。

　　其实在我们的生活中，和我这个朋友一样的人是大有人在的，他们由于难得有一个真实的参照系来评估自己，很多人就会在盲目的自信中干了不该犯的傻事。

　　一般来说，人的自我认识主要表现在以下三个方面：

1.在和别人的比较中认识自我

通过与周围的人的比较，与圣贤模范的比较，认识自我在这些参照系中所处的位置或水平。

2.从别人的态度中把握自我

在社会交往中，他人就是一面镜子，只有在与他人互动中，我们才能把握自我。我们因看不见自己的面貌，就得照镜子，我们不易评量自己的人格品质和行为，就得利用别人对自己的态度和反应，来获得一些评价，并通过这些评价来了解和认识自我。

3.从工作的业绩中认识自我

这里所指工作，乃是广义的，并不限于行业或生产性的行为，所有各方面的活动：文学的、艺术的、科学的、技术的、社会的、体能的，等等，都包括在内。个人所具潜能的性质互不相同，有人迟于文字，而长于工艺；有人不善辞令，而精于计算，若是只看少数项目上的成绩，往往不能察见一个人才能和禀赋的全貌。因此，要全面客观地从工作的业绩中认识自我。

虽然正确认识自我是一个很重要的过程，但是我们常常可以发现，有这样一种人，由于他对自身的某方面不满意，他拒绝认识自己，不承认或不接受自己的真正面目，而要装

第一章　把握自我

扮出另外一个形象来。比如，有人不愿意承认自己穷困而恣意挥霍，装成很富有的样子；有人不愿意承认自己能力的限度，盲目地去从事力所不及的工作；有人出身贫贱，却极力要挤入权贵的行列。这些人把真正的自我藏掩在伪装之中，希望在别人眼中建立另外一个形象，他们缺乏接受自我的勇气，不能悦纳自己。他们喜欢离群索居，不愿意和别人交往，或者自责自弃不思进取，或者对别人采取不友好的敌对态度。因为有这样的心理认识，所以他们不但无法做到正确认识自我，检视自我，而且还与正确认识自我的路越走越远。

具有健康心理的人是正视自己特点、接受自我的人。他们接受自己，爱惜自己，他们对自己并不加以掩饰，而且他们不但可以无条件地接受自己，也能够接受别人，因为他们知道，自己与他人都是自然的人。

我们说别人心理健康，可以正视自我，并不是说就要完全效仿他人。一百个人眼里有一百个林黛玉，我们提倡从别人那里审视自己，并不是说要人云亦云，因为我们没有必要在别人的评论声中不断改变自己的行为和思想。

有些人的评论是客观公正的。在他们的眼里你是有缺点的，他们希望你能改正缺点并完善自己。所以，他们会不

计后果地告诉你，你错在哪里，需要如何改正。这样的人对你是真诚的，你一定要考虑他们的意见。比如我们的父母、长辈，或是朋友，他们是真心关爱、在乎我们的人，如果我们用心聆听他们的想法和建议，对我们会有很大的助益。不过，有时做父母的也不会完全了解自己孩子的需要和想法，也会因为一些固有的局限性，对孩子有过高的期待，对孩子有一些不恰当的要求，这是不正确的，做儿女的可以在认真考虑了父母的建议之后，有则改之，无则加勉。总之，我们必须在逐渐成长的过程中，学会检讨自己，对自己负责。

阿西莫夫是一个科普作家，也是一个自然科学家。一天，当他正坐在打字机前打字的时候，突然意识到："我不能成为一个第一流的科学家，却能够成为一个第一流的科普作家。"于是，从那时候开始他几乎把全部精力都放在科普创作上，终于成了当代世界著名的科普作家。

伦琴原来学的是工程科学，他在老师孔特的影响下，做了一些物理实验，逐渐体会到，这就是最适合自己干的行业，后来他果然成了一个有成就的物理学家。

可见，认知自我，检视自我，对自己的人生方向和未来

第一章 把握自我

发展有着至关重要的作用。一些遗传学家经过研究认为人的正常的、中等的智力由一对基因所决定。另外还有五对次要的修饰基因，它们决定着人的特殊天赋，起着降低智力或升高智力的作用。一般说来，人的这五对次要基因总有一两对是"好"的。也就是说，一般人总有可能在某些特定的方面具有良好的天赋与素质。

所以，每一个人都应该努力根据自己的特长来设计自己、量力而行。根据自己的环境、条件、才能、素质、兴趣等来正确地认识自我。

这正如张其金所说："你也许解不出那样多的数学难题，或记不住不如此多的外文单词，但你在处理事务方面却有着自己的专长，能知人善任，为人排难解忧，有高超的组织能力；也许你的理化差一些，但写小说、诗歌却是能手；也许你连一张椅子都画不好，但你却有一副动人的好嗓子，所以我们做人应先认识自己，认识自己的长处。如果能扬长避短，认准目标，抓紧时间把一件工作或一门学问刻苦认真地做下去，最后自然会收获令自己欣慰的丰硕成果。"

"与其临渊羡鱼，不如退而结网。"看惯了别人的成功，我们也要努力争取收获自己的成功。但是要想获得成

功，我们只有在正确认识了自己之后，才能自信起来，坚定起来，成为有韧性、有战斗力的强者。

因此，正确地认识自己，充实自己，这样我们就会找到自己的立足点，进而迈向成功之路。

第一章 把握自我

把握自我

诚如孔子所说:"人苦于不自知。"人的很多迷惑和苦难都是不自知的结果,所以人们才会有那么多痛苦。比如人类的眼睛演化的结果是只能朝着外看,看得见别人身上的瑕疵,却看不见自己身上的斑点。为了看见自己,人类发明了镜子,但镜子只能照出人的外貌,却看不见人的内心,要看见更真实的自己,我们就要利用一面能照出自我的魔镜——那就是用心理学知识来指引自己,把握自我,以使我们能够重新点燃生命的亮色。

我们已经知道,心理学除了是一门象牙塔里的学问之

外，它还与人们的日常生活密切相关，有着广泛的应用领域。基础心理学的原理应用于实验室以外的真实生活和工作情境，期望心理学能真正帮助人们适应并改善工作和生活质量，这一块称为应用心理学，它涉及的范围非常广泛，可以对我们生活的方方面面作出指导。

初出茅庐的大学生，走上工作岗位，最重要的是要认清自己，摆正自己的位置。作为一个新手，没有什么经验，对工作的方方面面都不清楚，应该多请教工作时间较久的同事，不要认为那些前辈们过时了，就不尊重他们，不把他们当回事儿，要记住："姜还是老的辣"，他们有的是工作经验，借鉴他们的经验，你会受益匪浅的。然而，"自识"和"自知"却是极难做到的，正如苏东坡所言"不识庐山真面目，只缘身在此山中。"

李小林毕业于北京大学，毕业后去了一家电视台当记者，领导把她安排到老郭手下工作，让老郭带她一段时间，可是老郭是一位老摄影师，平时沉默寡言。在合作中，李小林觉得老郭也不过如此。一次，她单枪匹马地跑出去采访。片子拍回来，自我感觉很好，就请老郭给点意见。令李小林甚为吃惊地是，老郭句句说到点子上，使李小林不得不服，

第一章　把握自我

之后，再也不敢轻视老郭了。

所以，一个人如果懂得了把握自我，懂得了自我省察，这不仅仅是对自己缺点的勇于正视，它还包括了对自己的优点和潜能的重新发现。

"吾日三省吾身""反躬自省""面壁思过""三思而后行"等成语中所为"省"与"思"即是一个自我认识的问题，通过"省"与"思"对自己的素质、潜力、特长、不足、经验等有一个清醒认识，对自己在学习、工作和生活中能扮演的角色有一个准确适当的定位。

生活中有很多人会将自己的不幸归结为命运的不济，认为自己就是命运的弃儿。可惜，他们却不知道，命运一直好端端地握在我们自己的手里。那么多从不幸走向成功的人，他们中有几个曾经的条件比你现在的条件更好？拿他们的成功与你的失败相比较，你是不是更应该反省自己的得失？设法改变自己呢？

我国古代一个叫袁了凡的人，在这方面就是非常好的典型和榜样。

袁了凡是明朝时期江南吴江人。

有一次，他在慈云寺结识了一位孔姓的老先生。孔老先

生曾得到宋朝邵康节先生真传皇极数，所以精通命数推算，于是孔先生替袁了凡推算了命里所注定的数。他说："在你没有取得功名做童生时，县考应该考第14名，府考应该考第71名，提学考应该考第9名。"到了第二年，袁了凡果然三处的考试，所考的名次和孔先生所推算的完全一样。

孔先生又替袁了凡推算终生的吉凶祸福。哪一年考取第几名，哪一年应当补廪生，哪一年应当做贡生，等到贡生出贡后，在某一年，应当选为四川省的一个县长，在做县长3年半后，便辞职回家乡。到了53岁那年八月十四日的丑时，就应该寿终正寝，可惜命中没有儿子。

这些话袁了凡都一一记录下来，并且牢记在心中。从此以后，凡是碰到考试，所考名次先后，以及官职升迁等等无不一一应验，都不出孔先生所推算。袁了凡因此认为何时生，何时死，何时得意，何时失意，都有个定数，一切都是天定的，没有办法改变。

后来袁了凡认识了云谷禅师，在云谷禅师点拨下，认识到一个人的命数其实可以改变。一个极善的人，尽管本来

第一章　把握自我

他的命数里注定吃苦，可他做了极大的善事，借着这大善事的力量，就可以使苦变成乐，贫贱短命变成富贵长寿；而极恶的人，尽管他本来命中注定要享福，但是他如果做了极大的恶事，这大恶事的力量，就可以使福变成祸，富贵长寿变成为贫贱短命。所以，如果造恶就自然折福，修善就自然得福。从前各种诗书中所说的，原来都是清清楚楚、明明白白的好教训。袁了凡原来号"学海"，但是自从那一天起就改号叫"了凡"，因为他明白了立命的道理，不愿意和凡夫一样，所以改叫"了凡"。他从以前的糊涂随便、无拘无束，变得小心谨慎、戒慎恭敬，即使是在暗室无人的地方，他也警惕自己不要做错事而获罪于天。碰到别人讨厌他、毁谤他，他也能够淡然处之，不与计较。

在他见了云谷禅师的第二年，到礼部去考科举。孔先生算他的命，应该考第三名，哪知道他居然考了第一名，孔先生的话开始不灵了。孔先生没算他会考中举人，哪知道到了秋天乡试，他竟然考中了举人，这都不是他命里注定的。

从此，袁了凡对自己要求更加严格，勿以善小而不为，

勿以恶小而为之。努力自省改过,尽力修身积德行善。结果真是"断恶修善,灾消福来"。袁了凡于辛巳年有了儿子,取名叫天启。袁了凡后高中进士,官位追增到尚宝司卿。53岁那年也并无灾难,连一点病痛都没有。享寿74岁。

袁了凡曾写有四篇短文作家训,名"戒子文",教戒他的儿子袁天启认识命运的真相,明辨善恶的标准,改过迁善的方法,以及行善积德谦虚种种的效验;并且以他自己改变命数的经验来"现身说法",这就是后来广传行于世的《了凡四训》。

从袁了凡的一生来看,我们也许会明白很多事,其中最重要的一点,那就是改变自己的命运需要我们自己的努力。如果非要说天命可以注定一些事情,那也应该是机遇的垂青。可是,机遇只会给那些有准备的人。也就是说,你想拥有怎样的人生,过上怎样的生活,个人的努力永远都占很大成分。你的努力,也就决定着你的成就,决定着你的未来。

那么,我们如何才能摆脱命运,让我们的生命掌控在自己的手里呢?

最好的办法,就是认清自我,把握自我,找到自己的追

第一章　把握自我

求和目标,根据自身的能力,不断努力去争取,那时候,所有所谓的"命里注定"都将是"浮云",那时候,"命运"不再是什么人手里的玩偶,也不再是上帝调控着的傀儡。而我们也可以很轻松地行走在人生的路上,没有什么忧愁和烦恼。所以,我们必须有一个积极的心态。积极的心态可以让我们遗忘伤痛,抛弃烦恼,笑看人生的成败得失。

走自己的路，别和自己较劲

剖析自我

我们已经知道，认识了自己，我们就是一座金矿，就能够在自己的人生中展现出应有的风采。认识了自我，我们就成功了一半。

在漫长的人生路上，很多时候，我们很难完全按照自己的意愿行走。我们总是被别人的言语所左右，总是因别人的举止而迷惑。毕竟，一个人对自己的信心，承受不了那么多人的打击。成功离不开坚定不移的意志，所以我们也就必须具备一种意志：坚定我们的信念，达到最终的目标。

成功者从不模仿别人，他们也不会为大多数人的意见所

第一章　把握自我

左右，他们对一件事情的决断，大多是靠自己进行思考和创造的。他们对于一个计划的实施，常常也是亲力亲为。大多数人，只是人口统计中的普通样本而已，虽然是他们组成了芸芸众生，但人数的众多并不代表着卓尔不群。

我们在不为别人的说辞而转移自己意志的时候，不能太苛求自己，不要把自己紧锁在一个孤僻的环境里，不要因为别人的推崇，而把自己标榜在一个神圣的境地。如果是这样，我们只会迷失了自我，那我们的生命也就失去了本来的意义，或者会被别人所左右了。或许终其一生，我们也只是别人摆弄的傀儡。

勇者的称号不仅属于手执长矛的、面对困难所向无敌的人，而且属于敢于用锋利的解剖刀解剖自己、改造自己，使自己得以升华和超越的人。

自省是自我动机与行为的审视与反思，旨在清理和克服自身缺陷以达到心理上的健康和伦理上的完善。它是自我净化心灵的一种手段。自省是现实的，是积极有为的心理与人格上的自我认知、调节和完善。自省同自满、自傲、自负相对立，也根本不同于自悔、自卑这种消极病态的心理。

人的自省包括对自己伦理人格和心理素质两方面的审视

和反思。

从伦理方面来看，强者的伦理人格，应该包括以下内容：第一，具有人道主义精神，丰富的科学知识，关心社会改革，对未来充满希望。第二，具有爱国主义精神，对祖国无限忠诚，积极献身于振兴祖国的事业。第三，具有利于自身的价值观念，在人际关系上奉行友谊、信义、互助互利、互敬互爱、真诚的原则，注重家庭的和睦关系。

从心理方面来看，自省所寻求的是健康积极的情感、坚强的意志和成熟的个性。它要求消除自卑、自满、自私和自弃，增强自尊、自信、自主和自强，培养良好的心理品质。

自省在心理动机与伦理行为两个层次上审视自我，以使动机与行为在符合时代要求的水平上达到和谐统一。自省旨在使个性心理健康完善，摆脱低级情趣，克服病态心理，净化心灵。自省有助于强者伦理人格的完善和良好心理品质的培养，同时也成为强者的特征之一。强者在自省中认识自我，在自省中超越自我。自省是促使强者塑造新型道德形象，确立良好心理品质的内在动力和手段。

自省是促使强者塑造良好心理品质的内在动力。强者在自省中认识自我，在自省中超越自我。

第一章　把握自我

　　自我省察对每一个人来说都是严峻的。要做到真正认识自己，客观而中肯地评价自己，常常比正确地认识和评价别人要困难得多。能够自省自察的人，是有大智大勇的人。

　　哲学家亚里士多德认为："对自己的了解不仅仅是最困难的事情，而且也是对人最残酷的事情。"

　　一个人，心平气和地对他人、对外界的事物进行客观地分析评判，这不难做到。但是若将这把手术刀伸向自己，就未免能平心静气、不偏不倚了。

　　然而，自我省察是自我超越的根本前提。要超越现实水平上的自我，必须首先坦白诚实地面对自己，对自身的优缺点有个正确的认识。

　　人的成长就是一个不断蜕变，不断进行自我认识和自我改造的过程。对自己认识得越准确越深刻，人取得成功的可能性就越大。事实证明，在人生道路上，成功者无不经历过几番蜕变。蜕变的过程，也就是自我意识提高，自我觉醒和自我完善的过程。

　　其实，在每个人的精神世界里，都存在着矛盾的两面：善与恶，好与坏，创造性和破坏欲。你将成长为怎样的人，外因当然起作用，但你对自己不断地反思，不断地在灵魂世

界里进行自我扬弃，内省所起的作用是不能低估的。

任何只停留在外表的修饰美化，如改变口才、风度、衣着等，都无法使人真正得到成长。要彻底改变旧我，要成长为一个真正的人，必须从内在努力，最重要的是要有一颗坚强的心，来支撑着你去经历喜忧参半似的蜕变。

深山里住着一位修炼多年的僧人。他因品德高尚、道行极高，而深受人们尊重。平时，他连走路都会很小心，生怕一不小心踩到蚂蚁，在生活方面也极为严谨。因此，弟子们也十分爱戴他。

在他过完80岁生日的时候，他的生命之路也走到了尽头，他自己也意识到这一点，知道死神越来越近了，弟子们聚到床边，他便哭了起来。

弟子们一时摸不着头脑，纷纷吃惊地问道："您为什么哭了？您每天都在坚持学习，教育弟子，但是从来没有流过泪，您还经常施恩于人，您也从未参与到各种复杂的世俗生活中去，也没有什么钩心斗角的交际圈，您的生活已经可以说上达到了真正的静心、修心的境界了，您没有理由哭啊，您到底为什么这么伤心呢？"

第一章 把握自我

老僧人说:"我之所以哭,是因为在生命即将结束的时候,回过头来看这一生走过的路,我突然发现自己过得并不开心,虽然你们都知道我道行高深,而且我普度众生,几乎没有什么缺点,但是我过得不是正常人的生活,我上对得起天,下对得起地,但是唯独我感到对不起自己,很多时候我没有按照自己的意愿生活,我强迫自己过这种青灯孤影的生活,其实,只有自己才知道这种生活的寂寞。"

所以,一个真正成熟的人,应该在充分认识客观世界的同时,也要充分看透自己。

在我们的现实生活中,我们经常会遇到这样一些人,他们身上所拥有的这些缺点是那么的令人讨厌:他们或爱挑剔、喜争执,或小心眼、好嫉妒,或懦弱猥琐,或浮躁粗暴,等等,这些缺点不但影响着他们的事业,而且还使他们不受人欢迎,无法与人建立良好的人际关系。

许多年过去了,这些人的缺点仍丝毫未改。细究一下,他们的心底并不坏,他们的缺点未必都与道德品质有关,只是他们缺乏自省意识,对自身的缺点太麻木了。

本来,别人的疏远、事业的失利,都可作为对自身缺点

的一种提醒，但都被他们粗心地忽略了，因而也就妨碍了自身的成长。

用诚实坦白的目光审视自己，通常是很痛苦的，但也因此是难能可贵的。人有时会在脑子里闪现一些不光彩的想法，但这并不要紧，人不可能各方面都很完美、毫无缺点，最要紧的是能自我省察然后改正。

对于任何一个人而言，对自身进行审视都需要有较强的勇气，因为在触及到自己的某些弱点、某些卑微的意识时，往往会令人非常难堪、痛苦。不论是对自己、对自己所喜爱的东西，还是对自己的历史都是这样。

但是，无论是痛苦还是难堪，我们都必须去正视它，都要对自己进行深层次的思考，不要害怕因为自己的深层次思考会发掘出自己内心阴暗的一面。正如苏格拉底说："一个没有检视的生命是不值得拥有的。"

一个人在自己的生活经历中，在自己所处的社会环境中，能否真正地认识自我、肯定自我，如何塑造自我形象，如何把握自我发展，如何抉择积极或消极的自我意识，将在很大程度上影响或决定着一个人的前程与命运。

换句话说，你可能渺小而平庸，也可能美好而杰出，这

第一章 把握自我

在很大程度上取决于你是否能够反省,充分地认识自己。

认识自我,是每个人生存的基础与依据。即便你处境不利,遇事不顺,但只要你的潜能和独特个性依然存在,你就可以坚信:我能行,我能成功。

内省进发潜能

柏拉图说:"内省是做人的责任,没有内省能力的人不会是个成功的人,人只有透过自我内省才能实现美德与道德的兼顾,才能真正地认识自我。"

人的潜能主要是指大脑潜力、心理能量。事实表明,每个人身上都具有未开发出来的巨大潜能。从生理学角度来说,人的身体潜能是有限度的,如疲劳度。可是从心理学的角度来说,人的心理潜能却是无限的,主要表现在以下几个方面。

第一个方面:人脑的活动量令人惊叹。

第一章 把握自我

据研究，人的大脑由1万亿个细胞组成，储存量极其大，一个人若想把一生中的所见所闻都记录下来，即便是一天24小时，一年365天，不停地写，也要写上2000年之久，即使这样，也未必就写得完。况且，人还有无意识，还有许多难以用语言来表述的微妙感觉！事实上，一般人所传达出的的信息量只是巨大冰山浮现出海平面的峰顶。现代科学研究表明，像爱因斯坦那样伟大的科学家，其大脑功能的90%并未得到利用，而且普通人则连5%也用不到，绝大多数的脑细胞仍处于睡眠状态。

第二个方面：心理能量是人的潜能的另一种表现。

人们在控制自己的情绪及与人进行思想感情交流方面，有着巨大的可待开发利用的潜能，这种潜能可以在人们对自主神经系统的全新理解中表现出来。因为这种心理潜能控制着和管理着人的心律、血压、消化系统、脑电波、言谈举止和社交水平等。

比如，有的人得了不治之症，也许不久就会离开人世，与爱他的亲人、关心他的朋友永别。可如果这个人拥有积极、健康、乐观的心态，振作精神，坚定不死的信念，坚持与病魔抗争，全力以赴地投入自己的事业，忘掉病魔所带来

的折磨与痛苦，那么就有可能发生奇迹——他将自己从死亡的边缘拉了回来，他"再生"了。在医学界，这样的事例并不罕见，因此科学家们预言：终有一天，我们会发现人体有能力使自己再生。这不是靠医学手段的进步、移植技术的提高，而是靠人的心理潜能——这一令世人惊叹的能量。

第三个方面：人具有很强的感觉能力。

相对于人们可以感觉到的信息来说，人们已经感觉到的信息量是微不足道的，人们并没有使自己的感觉能力得到充分利用。

在现实生活中，有很多人比较自卑、悲观，所以就轻易地把自己定位在不能有所作为的行例中，对未来、对自己感觉不到丝毫的信心，于是自暴自弃，放任自己。我们都知道，在一定程度上来说，情商可以影响一个人的成功，但实际上很多人并没有充分地认识自己。自己到底有多大的能力，自己到底能成为一个什么样的人，很多人并不清楚，甚至一无所知。很难想象，一个"不自知"的人如何能勇敢地面对生活，鼓起向上的勇气？

安东尼·罗宾曾说："我们每个人的潜能是无穷无尽的，然而能发挥多少，就全看我们对自我是怎么认定的。"

第一章　把握自我

也就是说，人是有潜能的，就看我们自己如何开发和利用。

比如，如果你认定自己是一个有能力、有才华的人，那么你就会发挥出符合你这样认定的一切天赋；同样，不管你是否认定自己是个"窝囊废"或"傻子"，还是认定自己是个"赢家"或"风云人物"，都会立即影响你对自己能力的获取，也会影响到你将取得什么样的成就。

张其金的《情感心理学之心境》一书，他为我们讲了这样一个故事：

有一群无忧无虑、自由散漫的孩子，当他们知道自己所具有的天分后，在很短的时间内就使自己的成绩取得了很大提高，令老师和家长无比吃惊。据研究成功学的专家发现：老师对学生有什么样的看法，对他们抱有什么样的期望，对学生自我认定的形成有直接而深刻的影响，也左右了他们潜能的发挥。

对此，心理学家曾做过这样一项研究计划，研究对象是一群老师，他们被告知他们新带的班级中有几名同学是优等生，这些老师的任务就是使这几名学生在学习上有更好的表现。不出所料，那几名学生在学业上果真都名列前茅，事实

上，那几名学生的智商都在一般水平，有几位还低于常人，成绩也不是很突出。但这个计划特意将他们设为优等生，从而给老师们造成错觉，结果真的使那些老师把这几名学生培养起来了。

由此可见，每个人都有巨大的潜能，每个人都有自己独特的个性和长处，只要你想开发，就一定能够取得成功。据心理学家研究表明，自省可以帮助人们发挥自己的优点，通过不懈的努力取得一些成就。

美国Piggly wiggly超市连锁的创立者桑德斯，曾经是一个街角杂货店的普通雇员。他在一家自助餐馆中就餐的时候，突然开始了这样的思考：我真的只能做一个普通的店员吗？就在就餐快要结束的时候，他突发奇想——自助餐馆的形式同样可以用于杂货店！

尽管许多业内人士认为这样不可行，甚至对他的想法冷嘲热讽，加以嘲笑，可是桑德斯认为这绝对是一种极佳的经营方式。后来在这种内省后的理智的动力下，他坚定地执行着自己的目标，最终这种自助式超市概念使他成为现代超市之父。

拥有自省就等于拥有一个砍伐树木的锐利斧头，要想砍

第一章 把握自我

伐成功，关键就是看你如何利用这把斧子为自己开辟一条新路。许多成功人士早就知道从内省中吸取自己的优势和潜能，只不过他们能够把自省和自我激励结合得天衣无缝罢了。

当你身处一个逆境或人生的低谷之中，内省可以帮助你产生一个个的绝妙构想，即使你暂时无法证明这种绝妙构想的可行性，但只要你坚信自己的能力，人们终会了解你在自省中所取得的成就。

不断内省可以使头脑更敏捷，就如同身体要经常进行有规律的运动才能更强健，头脑也需要经常的锻炼，在这种自我反省的锻炼中开发自己潜在的能量。这时你的心灵就像一个打开的降落伞，可以带你去任何奇妙神秘的地方。同样在内省时，你若发现自己不断背离事实，或者试图扭曲事实才符合你的信念时，就要问问自己："为什么我不愿接受这种情况？""我够理智吗？还是被暂时的表象所蒙蔽？""我要怎样才能改变这种现状？"认清这些问题才是最重要的。

大多数人通过别人对自己的印象和看法来看自己，为获得别人对自己的良好反映而苦心迎合。但是，仅凭别人的一面之辞，把自己的个人形象建立在别人身上，就会面临严重束缚自己的危险。因此，我们最好只把这些溢美之词当作自

己生活中的点缀。我们不要从别人身上找寻自己,要知道,人生的棋局该由自己来摆,我们应该经常自省并塑造自我。

搜狐公司总裁张朝阳被誉为"网络英雄"。他曾这样描述自己的心路历程:"一种不断克服心理误区、不断严格自省的过程。"

他在美国时,完全处于一种在异国他乡完全不受重视的状态。在那里,那种形势下,强大的学习、考试竞争压力以及创业后强大的市场竞争压力,等等,很容易就使自己原本健康的心态走向误区。因此,他学会通过自省并在第一时间发现内心的这一片片乌云,即不良的情绪和心态,他觉得必须尽快将其消除,这样才能让自己的心情永远保持明朗的晴空。这也正是我们所说的"操之在我",不受外界干扰的心态,这样才能最大程度地开发自己的潜能,到达梦想的彼岸。

总之,内省迸发潜能,当你学会了内省,就等于找到了人生中的金矿,而这时的你就是一块最闪亮的金子,你就一定能够在自己的人生中熠熠发光,神采飞扬。

第一章　把握自我

塑造心像，培养自信心

很多人都明白这个道理：相信自己的价值，就是自信。人不自信，谁人信之？一个人只有对自己自信，他想成为一个什么样的人，他就能够成为什么样的人。

在成功学中有这样一个公式：成功=方法+信心。压力无时不有，你也不可能事事受到人们的认可，例如：生活中，你的朋友会不停地打击你，给你的人生设置种种障碍；工作中，你的上司对你总是吹毛求疵，冷嘲热讽（比如，这件事怎么能做成这样，而实际上你已在已有现实条件下做到了最好），此时，你是否会对自己的能力提出质疑，从而不再自信？

其实，事物对人并没有影响，影响人的是人对事物及对自己的看法。不要将自己想成一个失败者，否则你注定不会成功，要把自己想成一个胜利者，这样你就能实现成功的自己，因为胜利始于个人求胜的信心和勇气，胜利者都是有信心的人。相信自己，人生来没有什么局限，不管是男人还是女人，每个人的内心都应该有一个成功的巨人，无论在什么情况下，都不要贬低自己，而是要充满信心和勇气，因为我们都有力量让自己变得更加强大。

张其金指出，一个人如果认识到了这些，其实他就在自己的内心找到了自我心像。自我心像是在自我认识或自我意识的基础上形成的，自我心像就是自我认识或自我意识的一部分。自我心像是根据自己过去成功或失败的经验、他人对自己的反应和评价而不自觉形成的。

在张其金看来，童年经验对自我心像的形成有重要影响。自我心像侧重于对自身价值、自身能力、自己在社会上的地位进行估计和评价。

自我心像虽然是不自觉形成的，但这种心像一旦形成，人们就依据它去判断自己，并指导自己的行动，而很少怀疑它的可靠性。

第一章 把握自我

如果你的自我心像是一个低能者，你就会在自己内心深处的那块屏幕上，经常看到一个无所作为、不受人重视的平庸小人物。而且，遇到困难时，你会对自己说没有能力，在生活和工作中，你就会感到自卑、沮丧、无力。

相反，如果你的自我心像是一个多才多艺者，你就会在自己内心深处的屏幕上，经常看到一个办事利索、受人尊重、进取向上的自我。这样，在任何情况下，你都会对自己说：我能干好。在工作中，你就会有自尊、愉快、好胜等良好的心态，从而在工作中取得成绩。

自我心像确立的原则是：在真实自我的基础上，最好稍微高一些。高一些的自我心像会使你信心更强，制订的目标更大，把你的潜力更多地挖掘出来。偏低，尤其是明显偏低，是确立自我心像的大忌。它会损伤你的自信心，可能使你连现有的能力也发挥不出来，更不要说挖掘潜力了。

对于许多人来说，有无良好的自我心像，有无自信心，首先取决于父辈是否有良好的自我心像。没有良好自我心像的父母，很难培养出自信的孩子。所以，如果你的父母在这方面表现得很好，那么你也会非常出色。当你第一次获得成功时，良好的自我心像就开始形成了。

在人的自我心像中，最需要调整的就是自卑的自我心像，当你总觉得自己一无是处，事事不如别人时，就应当主动修改自我心像。这时候，应当牢固地树立起这样的信念：我是造物主的独特创造，独一无二，在这个世界上，没有跟我完全相同的人。天生我材必有用，我的存在一定会有价值，我也一定能够找到自己存在的价值！

过于高大的自我心像也应进行适当调整。对自己估计过高，不仅不利于客观地设计进取目标，还会破坏人际关系，使人际环境恶化，给自己走向成功的道路设置许多障碍。

威廉·詹姆斯通过研究提出了一个公式：自足感=成就÷抱负。这个公式显示了一个人的自我感觉满足与否，与个人的实际成就成正比，与抱负水平成反比。

如果一个人所取得的成就与其抱负水平相当，那么他将对自己感到满意，进而产生积极的自信感、成就感等。如果成就小而抱负大，那么此人将感到不满足，他可能更加努力地取得成就，也可能放弃努力，从而降低或放弃抱负。要达到对自我肯定性的评价，或提高自信心，不外乎是提高成绩或降低抱负水平。这个公式可以成为调节自我心像的一个参考。

只有自信心、成就与抱负处于一种动态的平衡状态，

第一章 把握自我

或一定程度的不平衡，即自信心略强、抱负略大，才有利于人们取得成就和提高自我能力。当然，我们有时候会很难区分坚定的信心与过于高大的自我心像。独特的见解、超凡脱俗的创造、别出心裁的设计、反潮流的行为，这些往往都是高级才智的表现。但是，它在多数情况下，在很长一段时间内，很难为多数人所接受，甚至所有的人都不理解。这时，坚持己见是自信心的表现，是有巨大创造才能的人才所具备的一种心理品质。可是，当大多数人对自己的能力和贡献大小的评价发生了分歧时，就应当考虑，是不是自己用高倍放大镜放大了自我心像。这时候，我们应当尽量缩短真实的自我与自我心像之间的距离。

一个人，有良好的自我心像，自然会有自信心。在一定意义上说，良好的自我心像只不过是自信心的另一种表达方式。自信的人认为自己有智能、有能力，至少不比别人差；有独立感、安全感、价值感、成就感和较高的自我接受度。同时，有良好的判断力、坚持己见，具有良好的合作精神和适应性。

自我心像如何，是能否取得成功的首要基础。你觉得自己是个聪明的人，你就不会在难题面前轻易罢休。你觉得自

己将一事无成，你就不会再向更高的目标努力。因为良好的自我心像表现出来就是自信心。

自信心是一种矢量，它的方向始终指向遥远的终点，指向困难，指向难于完成的事业。而盲目自大不仅对自己和别人都缺乏客观的估价，而且它立足于已有的东西，坐井观天，止步不前；它不指向未来，只着眼于眼前；它不指向困难，只局限于小范围的排名次。

其实，优和劣之间的距离有时只有一步之遥。当自信心帮你建功立业之后，你躺在功劳簿上睡大觉，而且自以为自己的功业前无古人，后无来者，这时，曾帮你建功立业的自信心就转化为盲目自大了，而且，这种盲目自大将带来固执和僵化。

所以，自我心像有助于客观地认识和评价自己，时刻监督你不要因为获得成功而骄傲自满。

生命全靠我们自己管理

1994年，心理学家日莫曼提出了著名的关于自我意识和自我监控的"WHWW"结构。即"Why"（为什么）、"How"（怎么样）、"What"（是什么）、"Where"（在哪里）。日莫曼认为，像人的所有活动一样，自我意识和自我管理可以从以上这四个基本问题上来进行分析和管理。

第一，在"为什么"问题上，自我意识和自我管理的内容是动机，是对是否参与所解决的任务进行决策，体现了个体内部资源的特性。

第二，在"怎么样"问题上，自我意识和自我管理的内容是方法、策略，是对所解决任务的方法、策略进行决策，体现了个体计划与设计的特性。

第三，在"是什么"问题上，自我意识和自我管理的内容是结果、目标，是对所解决的任务取得什么样的结果和达到什么样的目标进行决策，体现了个体自我觉察的特性。

第四，在"在哪里"问题上，自我意识和自我管理的内容是情境因素，是对所解决问题的情境中的物理因素和社会因素进行决策和控制，体现了个体敏锐与智慧。

由此可见，日莫曼的"WHWW"结构，自我意识和自我管理具有动机自我意识监控、方法自我意识监控、结果自我意识监控和环境自我意识监控的四维结构。对于一个情绪化很严重的人来说，他可能具有极高的智商，可如果他在"为什么"这个维度有欠缺，也就是说，他缺乏成功的动机和欲望，那么，依旧很难开发出他的智慧潜能，他的能力也还是无法得到体现。

同理，如果是在"怎么样"上有欠缺的人，他可能整天奔波，却总是事倍功半；而在"是什么"这个维度上有欠缺的人，则不能合理地评估和判断事情的结果，以及对其人生

第一章　把握自我

的重要意义，最终导致与成功失之交臂；如果是"在哪里"上有欠缺的人，对社会环境以及自己在环境中所处的位置，都缺乏足够的认识，容易高估或者低估自己的能力，从而导致自负或者自卑的消极情绪。

所以，只有凡事能够自主的人，才能有勇气承担起生活的重任，才能傲立于世，从而开拓出属于自己的天地，得到他人的认同。勇于驾驭自己的命运，学会控制自己的情绪，规范自己的情感，善于分配好自己的精力，自主地对待学习、工作、生活，这就是成功的要义。这个成功的要义，不仅需要我们要防止他人对我们出于善意的劝阻，更需要我们能顶得住别人的流言蜚语。

我曾以为张其金是学软件或者信息专业出身的，因为他被称为"中国计算机宏观市场的专家""中关村的传奇"。但在逐渐了解他之后我才知道，原来他毕业于北京大学中文系。中文专业出身的他，却在软件、信息产业领域开创出一片天空，他为红塔集团、联想等企业做战略设计，研究利华、用友、东软的管理模式，而且还出版了长时间占据畅销书榜首的书籍。但在这些荣誉的背后，有谁知道他曾经被讥

讽为：" 疯子，痴心妄想，就你一个对软件一窍不通的人还想在这个行业做出一番成就，做梦吧！"

但是，张其金并没有因这些话阻碍他的发展，并在听取这些话之后反而更加积极进取，因为他要让这些讥笑他的人知道究竟谁对谁错。他开始每天购买大量的与计算机有关的杂志、报纸和图书等进行学习，然后不断地加以总结，以此用于工作中。就这样，张其金经过一年的发展，在计算机领域取得了长足发展，人们开始把他称之为"中关村的传奇"，也有人把他称之为"中国计算机宏观市场的专家"。

当有人问张其金在遭遇流言蜚语的时候，是否动摇过时？他只是淡淡一笑，说："在我的人生历程中，有过成功，也有过失败；有过别人投来的赞许，也有别人的攻击。但这一切都不能左右我的人生目标，只要行得正，它们不会成为我事业奋斗的阻碍，只不过是个插曲而已，我对待流言蜚语的态度就是：让流言蜚语见鬼去吧。只要我们积极主动地去做出成绩，拿实际行动证明自己，到时候自然不会再有人议论什么。"

第一章　把握自我

我被他的这番话震撼了，人生在世，很多时候真的难以避免这样那样的非议，遭到别人的非议有时候真的会难以承受，自己得不到别人的认可确实是件很痛苦的事，但只要把它当成一种激励和鞭笞，当成自己奋进的动力，坚持心中的信念不动摇，就会坦然面对而不绝望。相反，如果太在意别人的评头论足，那么就会在人生的路上越走越迷茫，越走越陷入困境。

其实每个人都会面对一些流言蜚语，可以说，从我们出生的那一刻起，"流言蜚语"就已经充斥在我们的生活中了。小时候，如果你不好好学习，爱调皮捣蛋，人们会说你不懂事；长大后，我们工作了，结婚了，过日子了，流言蜚语更是接连不断，即使我们平平淡淡地过日子，仍然会有人在背后议论纷纷，让你觉得生活不得安宁。

多数情况下，这些议论是对我们不利的，还有一些让我们更加无法接受。但是，如果我们一味地沉浸在这种议论的烦恼中无法自拔，那么我们就上了这些喜欢议论人的当了。

一般来说，喜欢议论的人大多是一些生活闲散、毫无远大志向的人，从心理学的角度来讲，喜欢说流言蜚语的心理源于"嫉妒"。只要有竞争就会有嫉妒情绪产生，其根源在

于人的占有欲望没有得到合理的满足。他们在面对他人强有力的挑战并被超越时，心里便不是滋味，潜意识中希望占有属于他人的东西。当这种潜意识没有得到满足，便产生了去破坏他人的想法甚至行动，所做的一切其实都是力图把他人拉回到和自己一样的起跑线上。有这种嫉妒心理的人本身常常会表现出一些挫折感、失落感和怨天尤人的情绪。而恰恰这种情绪又很容易相互感染，使得越来越多的人开始加入流言蜚语的散布和传播的群体，将这种嫉妒的情绪通过语言表达出来，以达到中伤他人的效果。

在工作和生活中，"流言蜚语"使我们避之不及。既然如此，那我们就不要想着去驳斥它或是逃避它，因为这两种都是"流言蜚语"所期望达到的效果。我们不妨对这些话做一些整理归纳，冷静下来后去思考自己是不是真如"流言蜚语"所讲的那样，可以尝试着询问周围的好朋友，或者通过咨询专业的心理咨询机构，来看自己是不是哪些地方做的有些不妥。

通常，当一个人的能力到达了一定的高度，坐到了重要的职位上，能力突出、竞争力强的时候，他才会让身边的人感到恐慌，以至无聊地去制造"流言蜚语"。没有人会攻击比他们弱的人，只要有能力、有魅力、有威胁的人才会被

第一章　把握自我

视为"流言蜚语"的攻击对象，才会成为"流言蜚语"的标靶。也就是说，在某种程度上我们已经优于那些攻击我们的人了；而这个时候恰恰也正是一个人最容易产生骄傲自满和自我膨胀的时候。

所以，此时的"流言蜚语"不仅不能中伤我们，如果善加利用的话，它还可以成为我们用来衡量自己此时状态的一把尺子，审视我们的心态与行为，让我们从中得到不断地去学习的动力，掌握提升自己工作能力的最佳时机，让我们不会轻易掉入到一个"焦点成功心理学"通常所说的"六点钟学习障碍"的怪圈，也就是自负、自满与对他人的敌意。

尽管很多的时候，流言蜚语更像是无孔不入的寒风，不论我们武装得多么严实，它总是会找得到缝隙，总是会吹得我们瑟瑟发抖。这个时候，就需要我们要有一个良好的心态，把迎面吹来的寒风变成顺风，帮助我们顺势走起。虽然我们还会感觉到冷，但它吹得越猛烈，我们前进的脚步也就越快。当我们把别人的挖苦、讽刺、打击变成自己心里面的动力的时候，我们也就为自己创造出了一片不同凡响的天地。

其实，正如本文的题目一样，生命全靠我们自己管理。所以，请管理好我们的生命，让其更加充实精彩。

正人必先正己

在心理学中有一个效应叫作"权威效应",它是指一个人要是地位高、有威信、受人敬重,那么他所说的话就易于引起他人的重视并相信其正确性。

在美国,一些心理学家们曾做过这样一个试验:在给某一大学心理学系的学生们讲课的时候,给学生介绍一位从外校请来的德语老师,并告诉他们这位德语老师是德国著名的化学家。在试验过程中,这位著名"化学家"煞有介事地拿出了一个瓶子,里面装有蒸馏水,他说这是自己最新发现的一种化学物质,有一些说不清的味道,让在座的每个学生闻

第一章 把握自我

到气味时就举手,结果大部分学生都举起了手。为何大部分学生都会觉得原本并无气味的蒸馏水有气味呢?原因是由于这位权威的心理学家的评议暗示而让多数学生都认为它有气味,这就是社会生活中存在的一种普遍的心理现象,这一种现象就是"权威效应"。

正是有了这种效应的存在,人们总是认为权威人物往往是正确的楷模,模仿他们自己就不会出错,也会像权威人物一样得到各方面的赞许和奖励,同时自己的安全感也会增加。所以人们总是会按照权威人物的要求去做,或是模仿权威人物的行为。

在企业的日常经营与管理中,这种效应应用很多。作为一名管理人员,就该树立起自己的威信,应该严肃时就必须严肃。当你的下级犯了错误之后必须得到相应的惩罚。如果制度不健全,你的训话被视为儿戏,工作就会举步维艰,这样的管理者就是非常不合格的。

"权威效应"之所以普遍存在,主要有如下两个方面的原因。

第一,因为人们都具有安全心理。也就是说,人们总是觉得权威人物常常是正确楷模,服从权威人物会让自己具有

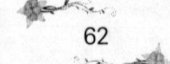

安全感，增加了不会出现错误的"保险系数"。

第二，因为人们都具有赞许心理。人们总是觉得权威人物的要求常常与社会规范一致，按他们的要求去做，就会获得各个方面的赞许与奖励。

举世闻名的航海家麦哲伦就是因为得到了西班牙国王卡洛尔罗斯的大力支持，才完成了环球一周的壮举，从而证明了地球是圆的，改变了人们一直以来天圆地方的观念。麦哲伦是怎样说服国王赞助并支持自己的航海事业的呢？原来，麦哲伦请了著名地理学家路易·帕雷伊洛和自己一块儿去劝说国王。

那个时候，因为哥伦布航海成功的影响，很多骗子都觉得有机可乘，于是就都想打着航海的招牌，来骗取皇室的信任，从而骗取金钱，因此国王对一般的所谓航海家都持怀疑态度。但和麦哲伦同行的帕雷伊洛却久负盛名，是人们公认的地理学界的权威，国王不但尊重他，而且非常信任他。

帕雷伊洛给国王分析了让麦哲伦环球航海的必要性与各种好处，从而使国王心悦诚服地支持了麦哲伦的航海计划。正是因为相信权威的地理学家，国王才相信了麦哲伦，正是

第一章　把握自我

因为权威的作用，才促成了这一举世闻名的成就。

事实上，在麦哲伦的环球航海结束之后，人们发现，那时帕雷伊洛对世界地理的某些认识是不全面，甚至是错的，得出的某些计算结果也与事实有误差。不过，这一切都无关紧要，国王正是因为权威暗示效应——认为专家的观点不会错——从而阴差阳错地成就了麦哲伦环绕地球航行的伟大成功。

看来，在劝说他人支持自己的行动与观点时，恰当地利用"权威效应"，不仅可以节省很多精力，还会收到非常好的效果。

在社会生活中，"权威效应"是一种司空见惯的心理现象。可以说，在人类社会，只要有权威的存在，就会有"权威效应"的存在。为什么会这样呢？因为人们的"安全心理"和"认可心理"是"权威效应"产生的原因。这种效应运用于上司领导下属中，也能起到非常好的效果。员工更可能以领导的行为为榜样，而不是以其话语为榜样。在现实生活中，利用"权威效应"还能够达到引导或改变对方的态度和行为的目的。就比如做广告时请名人赞誉某种产品、在辩论说理时引用权威人物的话作为论据，等等。

在这里，我们还要区分一下"权威效应"与名人效应

的心理实质。权威效应是借助权威的名声、势力,推动式推行、强化或拔高某种事物;而名人效应则是人们效仿名人、追逐名人的心理倾向。二者有着作用和方向的差异,也有作用力的不同。

第二章

驱赶内心的忧虑和恐惧

第二章　驱赶内心的忧虑和恐惧

不要让忧虑影响你的心理

忧虑是一种目前流行的社会通病，几乎每个人每天都花费大量的时间为未来而担忧。他们为自己、家人和社会的未来而忧虑；他们担心自己的身体会出现毛病，他们害怕别人与自己中断关系，他们担心自己所处的社会变得一团糟——不能说他们完全是"杞人忧天"，但这种行为至少也是一种毫无益处的行为。这就像席勒说："烦恼像一把摇椅，它可以使你有事可做，但却不会使你前进一步。"

与内疚悔恨一样，忧虑也是我们生活中常见的一种最消极而毫无益处的情绪，是一种极大的精力浪费。当你悔恨

时，你会沉迷于过去，由于自己的某种言行而感到沮丧或不快，在回忆往事中消磨掉自己现在的时光。当你产生忧虑时，你会利用宝贵的时间，无休止地考虑将来的事情。对我们每个人来说，无论是沉迷过去，还是忧虑未来，其结果都是相同的：你在浪费目前的时光。

当你具体地审视这两个人生的误区时，就会发现它们存在着一些相似与关联之处；或者说，二者是一个问题中两个相对的方面：内疚悔恨意味着你生活在现实中，由于过去的某些行为而使你产生惰性；而担心未来则是你在现时情况下因将来的某件事而陷入惰性，而你所忧虑的事情往往是自己无法左右的。虽然前者针对过去，后者针对未来，但它对现时的你都产生同样的效果：让你烦恼并产生惰性。

得过诺贝尔医学奖的亚力西斯·柯锐尔博士说："不知道怎样抗拒忧虑的商人，都会短命而死。"其实不止商人，家庭主妇、兽医和泥水匠亦是如此。

精神失常的原因何在？没有人知道全部的答案。可是在大多数情况下，极可能是由恐惧和忧虑造成的。焦虑和烦躁不安的人，多半不能适应现实的世界，而跟周围的环境断了所有的关系，缩到他自己的梦想世界，借此解决他所有的忧

第二章　驱赶内心的忧虑和恐惧

虑问题。

卡耐基曾经这样说过:"如果我想看看忧虑对人会有什么影响,我不必到图书馆或医院去求证。我只要从现在坐着的家里望望窗外,就能够看到在不到一条街远的一栋房子里,有一个人因为忧虑而精神崩溃;另外一个房子里,有个人因为忧虑而得了糖尿病——股票一下跌,他的血和尿里的糖份就升高。"

再没有什么会比忧虑使一个女人老得更快,而摧毁了她的容貌。忧虑会使我们的表情难看,会使我们咬紧牙关,会使我们的脸上产生皱纹,会使我们老是愁眉苦脸,会使我们头发灰白,有时甚至会使头发脱落。忧虑会使你脸上的皮肤发生斑点、溃烂和粉刺。

卡耐基曾经去访问过女明星莫乐·奥伯恩时,她告诉卡耐基说:"我绝对不会忧虑,因为忧虑会摧毁我在银幕上的主要资产——我美丽的容貌。"她告诉卡耐基说:"当我最先想要进入影坛的时候,我既担心又害怕。我刚从印度回来,在伦敦一个熟悉的人也没有,却想在那里找到一份工作。我见过几个制片家,可是没有一个人肯用我。我仅有的

一点钱渐渐用光了,整整有两个礼拜,只靠一点饼干和水过活。这下我不仅是忧虑,还很饥饿,我对自己说:'也许你是个傻子,也许你永远也不可能闯进电影界。归根结底,你没有经验,也从来没有演过戏,除了一张漂亮的脸蛋,你还有些什么呢?'我照了照镜子。就在我望着镜子的时候,才发现忧虑对我容貌的影响。我看见忧虑造成的皱纹,看见焦虑的表情,于是我对自己说:'你一定得马上停止忧虑,不能再忧虑下去了,你所能给人家的只有你的容貌,而忧虑会毁了它的。'"

这样的事很多。70年代,罗斯福总统的财政部长亨利·摩根索发现忧虑会使他病得头昏眼花。他在日记里记述说,为了提高小麦的价格,罗斯福总统在一天之内买了440万蒲式耳的小麦,使他感到非常忧虑。他在日记里说:"在这件事情没有结果之前,我觉得头昏眼花。我回到家里,在吃完中饭以后睡了两个小时。"

著名的法国哲学家蒙奏格被选为老家的市长时,他对市民们说:"我愿意用我的双手处理你们的事情,可是不想把它们带到我的肝里和肺里。"

第二章　驱赶内心的忧虑和恐惧

古时候，残忍的将军要折磨他们的俘虏时，常常把俘虏的手脚绑起来，放在一个不停往下滴水的袋子下面……水滴着……滴着……夜以继日，最后，这些不停滴落在头上的水，变得好像是用槌子敲击的声音，使那些人神经失常。这种折磨人的方法，以前西班牙宗教法庭和希特勒手下的德国集中营都曾经使用。忧虑就像不停往下滴、滴、滴的水，而那不停地往下滴、滴、滴的忧虑，通常会使人心神丧失而自杀。

当卡耐基还是密苏里州一个乡下孩子的时候，礼拜天听牧师形容地狱的烈火，吓得他半死。可是卡耐基从来没有提到，他说："我们此时此地由忧虑所带来的生理痛苦的地狱烈火。比方说，如果你长期忧虑下去的话，你有一天就很可能会得到最痛苦的病症：狭心症。"

这种病要是发作起来，会让你痛得尖叫，跟你的尖叫比起来，但丁的《地狱篇》听来都像是"娃娃玩具"了。到时候，你就会跟自己说："噢，上帝啊！噢，上帝啊！要是我能好的话，我永远也不会再为任何事情忧虑，永远也不会了。"如果你认为我这话说得太夸张的话，不妨去问问你的家庭医生。

医生所犯的最大错误是，他们想治疗身体，却不想医治

思想。可是精神和肉体是一体的，不能分开处置。

医药科学界花了2300年的时间才认清这个真理。我们刚刚才开始发展一种新的医学，称为"心理生理医学"，用来同时治疗精神和肉体。现在正是做这件事的最好时机，因为医学界已经大量消除了可怕的、由细菌所引起的疾病，比方说天花、霍乱、黄热病以及其他种种曾把数以百万计的人埋进坟墓的传染病症。可是，医学界一直不能治疗精神和身体上那些不是由细菌所引起、而是由于情绪上的忧虑、恐惧、憎恨、烦躁以及绝望所引起的病症。这种情绪性疾病所引起的灾难正日渐增加，日渐广泛，而速度又快得惊人。

医生们估计说：现在活着的美国人中，每20人就有1人在某一段时期得过精神病。二次世界大战期间被征召的美国年轻人，每6人中就有1人因为精神失常而不能服役。

康乃尔大学医学院的罗素·塞西尔博士是世界知名的治疗关节炎权威，他列举了四种最容易得关节炎的情况：

（1）婚姻破裂。

（2）财务上的不幸和难关。

（3）寂寞和忧虑。

（4）长期的愤怒。

第二章　驱赶内心的忧虑和恐惧

当然，以上四种情绪状况，并不是关节炎形成的惟一原因。而产生关节炎最"常见的病因"是塞西尔博士所列举的这四点。举个例子来说，我的一个朋友在经济不景气的时候，遭到很大的损失。结果煤气公司切断了他的煤气，银行没收了他抵押贷款的房子，他太太突然染上关节炎——虽然经过治疗和注意营养，关节炎却一直等到他们的财务情况改善之后才算痊愈。

忧虑甚至会使你蛀牙。威廉·麦克戈尼格博士在全美牙医协会的一次演讲中说："由于焦虑、恐惧等产生的不快情绪，可能影响到一个人身体的钙质平衡，而使牙齿容易受蛀。"麦克·戈尼格博士提到，他的一个病人起先有一口很好的牙齿，后来他太太得了急病，使他开始担心起来。就在她住院的三个礼拜里，他突然有了九颗蛀牙——都是由于焦虑引起的。

你是否看过一个甲状腺反应过度的人？我看过。我可以告诉你，他们会颤抖、会战栗，看起来就像吓得半死的样子，而事实上也差不多是这种情形。甲状腺原来应该能使身体规律化；一旦反常之后，心跳就会加快，使整个身体亢奋得像一个打开所有炉门的火炉，如果不动手术或加以治疗的

话，就很可能死掉，很可能"把他自己烧干"。

那么，应该怎么办呢？答案是：我们一定要学会以下三种分析问题的基本步骤，来解决各种不同的困难。这三种步骤是：

（1）看清事实；

（2）分析事实；

（3）达成决定——然后依决定行事。

这是亚里士多德教的，他也使用过。我们如果想解决那些逼迫我们、使我们日夜像生活在地狱一般的问题，我们就必须用到这个。

哥伦比亚学院院长赫基斯说："如是一个人能够把他所有的时间都花在以一种很超然、很客观的态度去找寻事实的话，他的忧虑就会在他的知识的光芒下，消失得无影无踪。"

第二章 驱赶内心的忧虑和恐惧

"没空去忧虑"

消除忧虑的最好办法，就是把忧虑清出你的头脑，尽量去想有意义的事情。

"没空去忧虑"，是二战时，每天工作18个小时的丘吉尔在忙于战事时所说的话。当有人问他是否为国家前途和身担责任忧虑过，他说："我忙于职责，没空去忧虑。"

发明汽车自动点火器的查尔斯·柯特林最近退休了，他担任了多年通用公司的副总裁。可是说到他当年在谷仓草垛旁做实验的潦倒情形，家里开销全靠太太1500美元教钢琴的薪水维持的窘态，甚至借500美金用人寿保险作抵押的尴尬局

面,他太太就感触良多了。

卡耐基曾问过柯特林夫人,那是不是她一生中充满忧虑的时期。"是的,"她回答说,"我忧心忡忡,难以入眠,可是柯特林看上去浑然忘我,沉浸在工作里,根本没空去忧虑。"

伟大的科学家巴斯德曾经提到过一种"在图书馆和实验室才拥有的平静"。平静为什么会在那两个地方找到呢?因为痴迷于图书馆和实验室的人通常都埋头于工作、醉心于研究,不会为其他什么事担忧。有数据表明,科研人员通常不会出现精神崩溃的状况,因为他们没有时间、没有精力来享受这种精神上的"奢侈"。

为什么"让自己忙起来"这么一件简单的事情,就能够把忧虑赶出去呢?有一条最基本的心理学定律表明:无论多聪明的人,都不可能一心二用。不信我们做个实验,假定你悠闲地坐在一把足够舒适的椅子上,两眼紧闭,同时去想两件事:第一,自由女神的模样;第二,你明天早上的日程安排……不管椅子如何舒适,不管给你几次机会,能成功吗?你只会遗憾地发现,你只能依次想这两件事,而不能同时想两件事。

为此,卡耐基曾经说过:"我想指出的是,你的情感、

第二章 驱赶内心的忧虑和恐惧

心理也是这样，一心不能二用。我们不可能既心拥热忱地激情开拓，又同时忧伤满怀而踟蹰不前。在同一时间，两种不同的感觉、两种不同的情绪是不能共存、不能集于一身的。针对那些在战场上受到挫折和刺激而退役后患上战争综合症的人群，这个简单的发现让军方的心理专家们能够以'让他们忙起来'作为重要的手段予以治疗。"

著名诗人亨利·朗费罗在痛失爱妻之后，也逐渐明白了这个道理。

一天，他的妻子在点蜡烛的时候，不小心衣服被火点着了，朗费罗听到妻子的惨叫声就赶来抢救，但妻子还是因为伤势过重离他而去了。之后的一段时间，朗费罗脑海中一直萦绕着妻子丧生的悲惨场景，他近乎崩溃。所幸还有三个年幼的孩子需要父亲的照顾，他不得不强忍悲痛，担当起父亲和母亲的双重职责。他陪孩子们玩耍，给他们讲故事，并将对孩子的感情都倾注在诗歌中，同时他还完成了《神曲》的翻译工作。这些事令他忙得片刻不停，从而使他没有时间和闲情陷入绝望，他逐渐从悲伤中解脱出来，重新获得了内心的平静。

教育学教授詹姆斯·莫塞尔有一个明确的观念就是"忙

而忘忧",因为忧虑最容易伤害无所事事的人。越是无聊,你越会心事重重、想入非非,误入歧途,甚至钻进死胡同。这时候,你的思想就像飞驰的汽车,横冲直撞,一切毁于一旦,甚至包括你自己。消除忧虑的最好办法,就是让自己忙起来,尽量去做有意义的事情。

当然,不只是大学教授才懂得这个道理,第二次世界大战时,卡耐基在密苏里农场认识了一对家住芝加哥的夫妇。那位太太向他讲述了她是如何消除忧虑的。她告诉卡耐基,他们的儿子在日军偷袭珍珠港之后就参加了陆军,她成天为儿子的安全担忧:他现在身在何处?是否在作战?有没有负伤?不会牺牲了吧?她牵肠挂肚、忧心忡忡,精神濒临崩溃。

卡耐基询问她后来如何走出忧虑的,她回答说:"让自己忙碌起来,去做有意义的事。最初,我辞退了女佣,自己承担起全部家务,试图用忙碌来驱赶忧虑,但效果并不明显。因为家务事对我来说驾轻就熟,完全不用费神就能完成。所以,洗碗、打扫的时候,我还是无法避免地为儿子担忧。后来我意识到必须得找一份新工作,才能让我从早到晚全身心地投入其中,于是,我去一家大型百货公司做了售货员。之后的情况完全不同了,我一整天都被顾客团团围住,

第二章　驱赶内心的忧虑和恐惧

不停地为他们解答价钱、颜色、尺码、面料等各种问题，再没有空闲时间去想工作之外的事。晚上回到家，我感到双脚酸痛不已，一吃完饭倒头就睡，再没有精力去忧虑了"。

著名女冒险家奥莎·汉逊曾告诉卡耐基，她是怎样走出忧虑和悲伤的。从她的自传《我爱冒险》中可以看出，她是一位真正体验过冒险生活的女人。

她和丈夫马丁·汉逊结婚时才不过16岁，婚后他们就离开了家乡，来到婆罗洲的原始丛林生活。25年来，夫妇俩一起环游世界，拍摄了许多亚非洲濒临灭绝的野生动物纪录片。回到美国后，他们巡回演讲，向人们展示他们的成果。

后来，在一次飞往西海岸的航行中，飞机撞到了山上，马丁当场身亡，奥莎也被医生诊断为终身瘫痪。可是三个月后，奥莎就已经坐在轮椅上为大众发表演讲了。她告诉我说："只有这样才能让我没有时间再去悲伤、忧虑。"

大文豪萧伯纳曾总结说："让人愁眉苦脸的秘诀就是，有充分空闲去想他自己的伤心往事。所以不必去想陈年旧事，不必去想'我快乐吗？''我真倒霉'这样的问题，给自己鼓鼓劲，让自己忙起来，你的血液就会循环沸腾，你的思想就会变得敏锐深刻——让自己置身忙碌之境，这对于忧虑

来说是世界上最价廉物美的良药。"

有位作家曾如此写道："给人们造成精神压力的，并不是今天的现实，而是对昨天所发生事情的悔恨以及对明天将要发生事情的忧虑。我一周至少有两天是绝不会烦恼的。我在这两天内也是无忧虑的，并且丝毫不会为之而感到担忧和烦恼。这就是昨天与明天。"

当威利·卡瑞尔年轻的时候，他在美国纽约水牛钢铁公司做事。有一次，他去密苏里州水晶城的匹兹堡玻璃公司去安装一架瓦斯清洁机，目的是清除瓦斯里的杂质使瓦斯燃烧时不至于伤到引擎，这是当时清洁瓦斯的最先进的方法。可是等他到了水晶城工作的时候，发现有很多事先没有想到的困难都发生了。瓦斯清洁机经过调整后机器可以使用了，但清除效果没有达到所规定的程度。

卡瑞尔说，我对自己的失败非常吃惊，觉得好像是有人在我头上重重地打了一拳。我的胃和整个肚子都开始扭痛起来。有很长一段时间，我担忧得简直没有办法睡觉。

最后，我想忧虑并不能够解决这个问题。于是我想出一个不需要忧虑就可以解决问题的办法，结果非常有效。我这个克

第二章 驱赶内心的忧虑和恐惧

服忧虑的办法,已经使用了三十多年。其实这个办法没有什么玄机,它非常简单,任何人都可以使用。共有三个步骤:

第一,我先是无所畏惧,诚恳地分析了整个情况,先找出万一失败可能发生的最坏的情况是什么。没有人会把我关起来,或者把我枪毙,这一点说得很准。不错,很可能我会丢掉差事;也可能我的老板会把整个机器拆掉,使投下去的两万块钱泡汤。

第二,找出可能发生的最坏的情况之后,我就让自己在必要的时候能够接受它。我对自己说,这次的失败,在我的纪录上会是一个很大的污点,可能我会因此而丢差事。但即使真是如此,我还是可以另外找到一份差事。事情可以比这更好,至于我的那些老板,他们也知道我们现在是在试验一种清除瓦斯新法,如果这种实验要花他们两万美元,他们还付得起,他们可以把这个账算在研究费用上,因为这只是一种实验。

发现可能发生的最坏情况,并让自己能够接受之后,有一件非常重要的事情发生了。我马上轻松下来,感受到几天以来所没经历过的一份平静。

第三,从这以后,我就平静地把我的时间和精力,拿来

试着改善我在心理上已经接受的那种最坏情况。

我努力找出一些方法，让我减少我们目前面临的两万元损失，我做了几次实验，最后发现，如果我们再多花五千块钱，加装一些设施，我们的问题就可以解决。我们照这个办法去做之后，公司不但没有损失两万块钱，反而还赚了一万五千块钱。

如果当时我一直担心下去的话，恐怕再也不可能做到这一点。因为忧虑的最大坏处，就会毁了我集中精神的能力，从而会把事情弄得更糟糕。

卡瑞尔用自己的方式克服了心理上的忧虑问题。他先是正视了现实，做了最坏的打算，然后，积极着手行动，最终走出了忧虑，这是非常可喜可贺的事情。而当前有很多人还没有从忧虑中走出来，他们就没有卡瑞尔这么幸运了，甚至有的在忧虑之中苦苦挣扎，欲罢不能等等。这对个人而言是极其有害的。

培根曾说：经得起各种诱惑和烦恼的考验，才算达到了最完美的心灵健康。忧虑，即担忧、惦念，如果一个人长时间的担忧、惦念就不好了，忧虑的最大坏处在于，它会毁了你集中精神的能力，如果一个人在忧虑的时候，他的思想会

第二章　驱赶内心的忧虑和恐惧

到处乱转，而丧失做决定的能力。

忧虑犹如一个无形的杀手，它如此消极而无益，与其你是在为毫无积极效果的行为浪费自己宝贵的现实，你就不如消除这一弱点。其实，对许多人来讲，他们所忧虑的往往是自己无力改变的事情。无论是战争、经济萧条或是生理疾病，不可能因为你一产生忧虑就自行好转或消除。作为一个普通的人，你是难以左右这些事情的。然而，在大多数情况下，你所担忧的事情往往不如你所想像的那么可怕和严重。

活动可以驱赶忧虑

在我们的生活中，内疚悔恨与忧虑的例子比比皆是，而且几乎人人都不例外。许多人要么为自己不应做的事情而自我悔恨，要么为可能发生的事情而忧心忡忡。如果你的大脑里存着大片的"悔恨与忧虑区域"，就必须予以清扫和消灭，消灭那些侵蚀着你生活各个方面的"悔"和"忧"的蛀虫。

忧虑是因为将来的某件事而在现时中产生惰性。但请记住一点，世上没有任何事情是值得忧虑的，绝对没有！你可以让自己的一生在对未来的忧虑中度过，然而无论你多么忧虑，甚至忧虑而死，你也无法改变自己的现实。还有一点，

第二章　驱赶内心的忧虑和恐惧

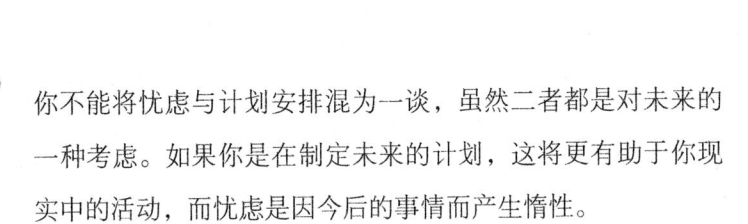

你不能将忧虑与计划安排混为一谈，虽然二者都是对未来的一种考虑。如果你是在制定未来的计划，这将更有助于你现实中的活动，而忧虑是因今后的事情而产生惰性。

这里，还必须分清一个概念，不能将忧虑与关心混为一谈。我们生活的社会似乎认为这二者是等同和必然联系的。如果你关心一个人，就必须替他忧虑，似乎只有用忧虑才能证实自己的情感。而且，忧虑与爱情也是毫不相关的，相爱可能产生俩人相互间的思念，但这种思念并不是一种消极的情感，而是能产生一种积极的动力。在恋爱关系中，每个人都应该做出自己的选择，而不应被对方提出的条件所束缚。

人经常杞人忧天，生活在自己构筑的忧虑中，这种忧虑既有过去的，也有现在的，还有将来的，种种忧虑压得我们喘不过气来。

摆脱忧虑的最好方式是换脑，即把注意力由心理转到生理，通过生理活动使人忘却心理的烦恼。

在卡耐基的成人教育班上有一个学生叫马利安·道格拉斯。在他的生活中，他失去了五岁大的女儿，一个乖巧伶俐的孩子，他和妻子都觉得无法忍受这样深重的痛苦。也许上帝对他赐予了怜悯之心——十个月之后，夫妻俩有了个小女

儿——但令人崩溃的是，小女儿竟然只活了五天就离他们而去。

"接踵而来的打击，让我无法承受，"这位父亲告诉卡耐基，"我坐卧不宁，辗转反侧，精神恍惚，这样的打击让我的人生失去了意义。"

最后他决定到医院接受诊治。一个医生给他开了安眠镇静药，他试了试，作用不大；另一个医生建议他以旅行的方式求得内心平静，减缓痛苦的侵袭，可仍是不能让他忘怀失去至亲的伤痛。

马利安说："我好像被一把巨钳愈夹愈紧，无法摆脱。"那种悲哀、麻木将他压得透不过气，让他无法自拔。

"幸运的是，我还有个四岁大的儿子，是他最终解决了我们的问题。那是一个下午，我枯坐在那里，正在悲伤难过，我儿子过来问我：'爸爸，给我做条船好吗？'我哪有什么造船的兴致，事实上，我已万念俱灰，丧失了一切动力。可我儿子缠着我，誓不罢休，这个执着的小子，我终于拗不过他，开始了一条玩具船的建造工作。大概三个钟头的

第二章 驱赶内心的忧虑和恐惧

样子，船顺利完工了。我忽然发现，摆弄船的那三个小时，是我好几个月以来最平静放松的时间段。这个惊人的发现之所以让我震惊，不但因为它使我从混沌中惊醒，更因为事实使我明白了人生重要的道理——这是我几个月来第一次开始思想。我认识到如果有那么些需要周密计划、认真思考的事情让你忙得不亦乐乎，就很难抽出时间去怨天尤人了。对我自己来说，建造那条船的事情已经占据了我的全部身心，无暇顾及其他了。想到这么一个好办法能够击退沉郁的心情，我决定让自己立刻忙起来。"

"第二天晚上，我开始对家里每个角落进行全面巡视，把所有需要修缮的物件列成清单。你绝对想象不到，两周之内，我列出了242件要修的东西。书架、楼梯、窗帘、门锁、水龙头等等，花了我两年时间才弄完大半。除此之外，我把生活日程安排得满满当当，富有创造性：一周里的两个晚上，我到纽约市参加成人教育班，或者参加镇上的社会活动。我现在是学校董事会的主席，有很多会要开，还要协助红十字会和其他慈善机构募捐。可以说，我简直忙得没空去

多愁善感。"

卡耐基从小生长在密苏里州的一个农场上。有一天,他突然哭了起来。妈妈说:"怎么了宝贝,为什么哭啊?"卡耐基哽咽着告诉她:"我常常充满了忧虑。暴风雨来临,我担心被闪电劈死;日子窘困,我担心食不果腹。我还怕死后下地狱,怕一个大孩子像他威胁的那样割我的耳朵。有时候我还怕自己会被活埋,怕将来没有女孩子肯嫁给我,还曾为结婚后第一句话对太太说什么而操心不已。日久天长,我终于发现我所担心的事情,有99%根本就不会发生。比方说,我从小怕闪电,可现在我知道,被闪电击中的机会,大概是35万分之一。对被活埋的恐惧,更是荒谬可笑,即使是远古野蛮时代,被活埋的可能性也只有千万分之一,可是我却曾因为害怕而痛哭流涕。事实上这些都是我在小时候所担忧的事,而许多成年人的忧虑居然也荒谬可笑。如果我们根据概率来评估,那么90%的忧虑就消失无影了。"

世界著名的罗埃得保险公司就因为人们对难以发生的事件的担忧,而赚进了几百万美元。保险公司通常是在跟大众打赌,赌他们所担心的灾祸不可能发生。不过,他们不把这

第二章　驱赶内心的忧虑和恐惧

叫作赌博，他们称为保险，实际上这是以概率学为根据的一种赌博。这家保险公司经历了200年的繁荣发展，甚至还能生意兴隆5000年，除非人类改变本性。

一年夏天，卡耐基在加拿大的落基山脉波尔湖边，遇到了从旧金山来的赫伯特·沙林吉夫妇。沙林吉夫人是一个十分平静、乐观的人，给卡耐基的印象是，她应该不会为什么事而忧虑。直到一天晚上，卡耐基问她有没有烦恼过的事，她回答道："岂止是烦恼，我的生活差点被忧虑彻底毁掉。我在自寻烦恼中度过了整整11年，那时我脾气暴躁，生活在极度紧张的情绪之中。即便在购物时，我也免不了担心：出门时是不是忘了关掉电熨斗？家里会不会发生火灾？女佣会不会丢下孩子不管？孩子们可能被汽车撞到吗？我常常担心得直冒冷汗，甚至直接冲出商店跑回家去，看看一切是否安好。最后，我的第一次婚姻也在不良情绪中破碎。我的第二任丈夫是个性格沉稳的律师，总能对事情进行深入剖析，因而他从不会陷入忧虑。每当我感到焦虑的时候，他就对我说：'放轻松，你真正担心什么呢？让我们用概率来分析一下，看看这种事发生的概率有多大。'记得有一次，我们开

车前往卡斯巴德温斯,正行驶在一条泥泞的公路上,可怕的暴风雨就突然来袭。在湿滑的路上,车子很难控制,我担心车子会打滑,翻到路边的沟里去。可丈夫一直安慰我说:我开得很慢,不会有意外发生的。就算车子打滑,我们也不会受伤。他的从容和冷静给了我信心,使我慢慢平静下来。"

"还有一年夏天,我们在海拔7000英尺的地方露营,突然来袭的暴风雨撕扯着我们的帐篷,我被吓坏了,担心帐篷随时会被大风吹走。丈夫却安慰我说:'我们的向导对这里的环境了如指掌,这个帐篷搭建了好些年,从没有被风吹跑过。即使真的被吹跑了,我们还可以转移到别的帐篷,没什么好担心的。'听了丈夫的话,我开始放松下来,那一夜果真什么事都没有发生,我也睡得十分香甜。"

由此可见,如果我们一定要忧虑的话,更应该为人们死于癌症高达1/8的比例而操心,而不该担心被闪电劈死或者被活埋。

第二章　驱赶内心的忧虑和恐惧

走出恐惧与懦弱

萧伯纳曾经说过:"对于害怕危险的人,这个世界上总是有危险的。"

迈克·英泰尔是一个平凡的上班族,37岁那年做出了一个疯狂的决定:他放弃薪水优厚的记者工作,把身上仅有的300多美元捐给街角的流浪汉,只带了干净的内衣裤,从风景优美的加州,靠搭便车与一群陌生人横越美国。他的目的地是美国东岸北卡罗莱纳州的"恐怖角"(CapFear)。

这是他精神快崩溃时做的一个仓促决定。某个午后他"忽然"哭了,因为他问了自己一个问题:如果有人通知我

今天死期到了,我会后悔吗?答案竟是那么的肯定。虽然他有好工作、亲友、美丽的同居女友,他发现自己这辈子从来没有下过什么赌注,平顺的人生从没有高峰或谷底。

他为了自己懦弱的上半生而哭。

一念之间,他选择北卡罗莱纳的恐怖角作为最终目的,借以象征他征服生命中所有恐惧的决心。

他检讨自己,很诚实地为他的"恐惧"开出一张清单:打从小时候他就怕保姆、怕邮差、怕鸟、怕猫、怕蛇,怕蝙蝠、怕黑暗、怕大海、怕飞、怕城市、怕荒野、怕热闹又怕孤独、怕失败又怕成功、怕精神崩溃……他无所不怕,却又似乎"英勇"地当了记者。

这个懦弱的37岁男人上路前竟还接到奶奶的纸条:"你一定会在路上被人杀掉。"但他成功了,4000多里路,78顿饭,仰赖82个好心的陌生人。

一路上,他没有接受过任何金钱的馈赠,在雷雨交加中睡在潮湿的睡袋里,也有几个像杀手或抢匪的家伙使他心惊胆战。他在游民之家靠打工换取住宿,还碰到不少患有精神

第二章　驱赶内心的忧虑和恐惧

疾病的好心人。他终于来到恐怖角，接到女友寄给他的提款卡(他看见那个包裹时恨不得跳上柜台拥抱邮局职员)。他不是为了证明金钱无用，只是用这种正常人会觉得"无聊"的艰辛旅程来使自己面对所有恐惧。

恐怖角到了，但恐怖角并不恐怖。原来"恐怖角"这个名称，是一位16世纪的探险家取的，本来叫"Cape Faire"，被讹写为"Cape Fear"，只是一个失误。

迈克·英泰尔终于明白："这名字的不当，就像我自己的恐惧一样。我现在明白自己为什么一直害怕做错事，我不是恐惧死亡，而是恐惧生命。"

花了六个星期的时间，到了一个和自己的想象像无关的地方，他得到了什么？得到的不是目的，而是过程。虽然他绝不会想要再来一次，但这次经历在他的回忆中是甜美的信心之旅，仿如人生。

为了使我们能够走出这种恐惧，拿破仑·希尔给我们指出了用积极心理暗示建立自信的方法：

（1）"反正"与"毕竟"是丧失斗志的忌语。

（2）使用肯定语气表达思想。

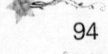

（3）利用联想游戏忘掉讨厌的事情。

（4）凡事要做最坏的打算。

（5）想一想"天无绝人之路"。

（6）把时限用语从脑海中消除。

（7）用粗鲁的语言壮胆。

（8）不知自己能否成功时，先在别人面前宣扬自己的目标。

（9）怯场时不妨道出自己的感受。

（10）不顺利时可以自言自语。

（11）借写信消除烦恼。

由此，我们不难看出，内心情感对我们的行为有着非常重大的影响。它会影响我们思想的形成、目标的确定，并最终通过我们的行动找到宣泄的途径。这正如一位权威人士所说："我们内心的各种情感总是试图通过某种行为来宣泄，否则就会觉得不快，备受煎熬。比如爱的情感就会千方百计地表达出仰慕和关爱。而恨的情感总会暗暗地等待报复的机会，待时机成熟就会把所有的愤怒、仇恨化为实际行动。羞耻的情感会对某件事久久难忘，每一次回忆起这件事，或者遇到和这件事相类似的事件，都会引发情绪上的巨大波动，

第二章　驱赶内心的忧虑和恐惧

个人行为也会因此受到影响。悲痛的情感会令人悲恸欲绝、情绪失控，做出失去理智的事。然而，有时悲痛也可以化做催人奋进的力量，平常我们劝勉别人或自己要化悲痛为力量就是这个道理。"

如何克服内心的恐惧

思想决定行动,如果一个人树立了积极的思想,那么他的信念和执着就会激发出他体内的潜能。而一个人如果被消极的思想所控制,那么他就只能得到失败和恐惧。

恐惧是我们发挥自身潜能的头号敌人。因为它会让我们对自己产生怀疑,让我们在面对困难的时候提前缴械投降。但是,如果我们心中没有这种恐惧的感觉,那么我们在面对困难时,我们的勇气就会被激发出来,就会迎难而上,我们自身的潜能也会得到释放,进而使自己战胜困难,赢得胜利。

人体的潜能是无限的,如果我们可以很好地挖掘自身的

第二章　驱赶内心的忧虑和恐惧

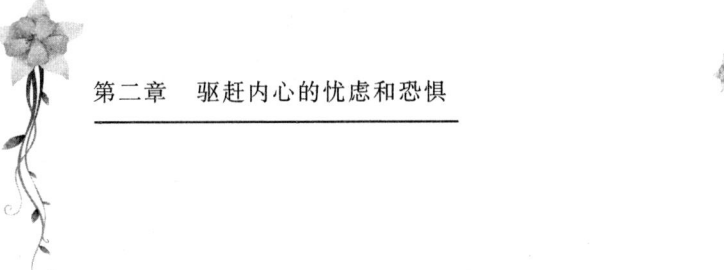

潜能，那么我们就可以抵挡住任何外在事物对我们的攻击。这也就要求我们要把自己的态度调整过来，时时往好的方面去想。比如，工作上碰到了不如意，我们可以把它当作磨炼自己的一次机会，而不是在那里怨天尤人。

其实，当你真的去做的时候就会发现，有些事情根本没有自己想象的那么糟，而自己也完全有能力解决。但如果我们被心中的恐惧所俘获，就只能在困难面前乖乖就擒。

所以，不要让恐惧扼住你的心灵，那只会让你尝到失败的滋味。许多事情并不是我们做不了，而是我们不敢去尝试，就让自己白白失去了机会，与成功擦肩而过。其实，只要拿出你的勇气，你就会发现，其实自己可以做得很优秀，很出色。

有一个推销员，一直想当公司里的"首席推销员"，为了达到这个目标，他必须在一周之内完成50万元的销售任务。但是直到星期五，他才完成了30万元，刚到任务额的一半。

他问自己是不是要放弃，因为离星期一只有两天的时间了，而在这两天之内去完成20万元的销售任务是非常困难的。但是，他最后下定决心，一定要达到目标，无论付出什么样的代价。

决心已下，于是当星期六人们都休息的时候，他又出发了。一直到了下午三点多钟，他还没有达成一笔交易。他当时有点泄气，但是他不断地在心里告诉自己，没什么可怕的，一切都是可以做到的，无论如何都必须完成自己的目标。经过思考，他觉得交易成功与否很大的因素是在销售员的态度上，于是他在心中默念了10遍"我是最优秀的"，让自己重新振作起来，整个人看上去神采奕奕。结果到了晚上，他拿到了两笔订单，而这两笔订单的销售额就达到了10万元。现在，他只差最后的10万元了。这给了他很大的勇气，第二天，他又以全新的状态投入到新的工作中去，他告诉自己一定会成功。结果在晚上10点钟左右，他谈成了自己的最后一笔订单，不但达到了预定的任务额，而且还超过了5万元。他成功了。

这个销售员的故事告诉我们，有时并不是我们做不到，而是我们有恐惧和胆怯而提前选择了放弃。只要你不让自己生活在恐惧中，不去否定自己，而是尽自己的最大努力，那么你会发现成功很容易。要知道，我们体内蕴藏的能量，可以让我们出色地完成任何繁重的事务。所以，不要让恐惧成

第二章　驱赶内心的忧虑和恐惧

为阻碍自己成功的杀手。相信自己，你就一定能行。

那么，我们如何做才能克服内心的恐惧呢？

第一，不要高估困难。

我们之所以会害怕，就是因为我们往往会把困难看得太清，把问题分析得太透。当然，一个人考虑周全是件好事，但是如果你的头脑中塞得满满的都是困难的话，那就不是一件好事了。除非你非常有勇气让自己去面对它们，否则你最好对它们视而不见。

其实困难往往没有我们想象的那么大，而我们，也比自己估计的要强大。如果你对困难始终采取一种漠视的态度，那么，你也就离成功不远了。

第二，树立信心。

信心是我们开发潜能的钥匙，是人的一生中比较重要的一种心理素质。一个充满自信的人往往也会十分乐观，能够以更加积极的态度去面对生活。就算遇到困难，那么他的反应也会比别人更快，能够更好地做出应对。能改变的，就去改变；不能改变的，就坦然接受。也许他们面对困难也会无能为力，但是他们却不会对生活失去希望。他们始终都会抱着一种乐观的态度，就算改变不了现状，但也至少不会被它

们伤害到。

第三，对自己进行有意识的锻炼。

我们通常会看到同样的环境，不同的人却有不同的态度。比如，一个军人，他对恶劣环境的适应能力就很强，因为他们所受的训练对他们起了很大的作用；一些爱好冒险运动的人，他们在困境中表现得都会比常人要积极。因为平常的锻炼激发了他们的勇气。也就是说，我们也可以通过锻炼来提高自己对困境的适应能力，减少心中的恐惧。因此，我们也可以多从事一些这方面的运动，让自己从主观上有一种克服恐惧的意识，这样不仅可以锻炼身体，还会磨炼我们的意志，让我们在面对困难时更加勇敢。

第二章　驱赶内心的忧虑和恐惧

战胜恐惧

关于恐惧，很多人庸人自扰，如果不明了恐惧，不懂妥善利用它，它可能就是你迈向成功的绊脚石，使你畏惧、自卑、失落，由无价值观的人生变为负价值观的人生；如果你能妥善利用它，它也可以成为你成功的脚踏石。就像香港第一个奥运金牌得主李丽珊，她无负香港市民对她的期望。在电视访问中得悉，她参赛的目标很明确，她也很感激关心她的每一个人，特别是香港人对奥运奖牌的期望都集中在她身上，她利用这种恐惧的力量（恐惧失败），把它化成坚毅不屈的行动，把它转成一股炽热的信念火炬。如果李丽珊只有

恐惧，那她肯定会失败，就是因为她拥有双重火热的情绪；恐惧与信念，她把它们化成行动，互相交织，互相点燃，加上一个清晰明确的金牌目标，最后她才能够达至最终的成功彼岸，这就是为什么她真诚地说这枚金牌是代表香港人而取得的。

另外，我们还要看到自信是一种意念，一种意志，恐惧则是意志的地牢。萧伯纳曾经说过："对于害怕危险的人，这个世界上总是有危险的。"所以说，恐惧是信心的敌人。恐惧有许多种，拿破仑·希尔指出，恐惧主要有7种：恐惧贫穷、恐惧批评、恐惧健康不佳、恐惧失去爱、恐惧失去自由、恐惧年老、恐惧死亡。

在我们每个人的身上都存在着无数种恐惧的理由，但最可怕的是对贫穷和衰老的恐惧。正是由于我们恐惧贫穷，于是我们把自己的身体当作奴隶一般加以驱使，因为我们对贫穷十分恐惧，所以，我们希望积聚金钱以备年老之需。这种普遍的恐惧给我们造成很大的压力，促使身体过度劳累，反而给我们带来了我们所极力要避免的那样东西。

现在，新的、理想的生存方式就潜伏在平常的生存方式之中，只有具备探险的勇气才能发现它。那些具备风险意

第二章　驱赶内心的忧虑和恐惧

识,无所畏惧,勇于探索和尝试的人,会克服一道道难关,锻炼和展现出自己的才华;如果只注意风险,这个世界上就不会有一处让你感到安生的地方,就会处处有等待你的陷阱、处处有等待你的危机。唯有那些勇于追求、实现追求的人才能领略到人生的最高的喜悦和欢愉。

恐惧对于一个人没有一点儿好处,我们要如同弃绝不良行为一样弃绝恐惧。曾有一个人,生来就是一个怕病痛的懦夫,他常为疾病担忧。倘使他觉得有一些寒冷,他便断定他要患重病了;倘使他的喉咙觉得有些微痛,他就认为是扁桃腺发炎了,他就为不得下咽而担忧;倘使他在畅饮以后,心脏稍微跳动快一些,他就以为他将患严重的心脏病。像这种神经过敏的顾虑者,世界上不知有多少。

恐惧会减短寿命,因为他会破坏生理上的平衡。在恐惧以后,身体上的汗液,会立刻改变其化学成分,证明恐惧对身体有极大的影响。易生恐惧者,非但老得快,并且死得也早。有许多人被恐惧埋葬了生命、错乱了神经,引起了可怕的惨祸。

在恐惧所控制的地方,是不可能达成任何有价值的成就的。有一位哲学家写道:"恐惧是意志的地牢,它跑进里

面，躲藏起来，企图在里面隐居。恐惧带来迷信，而迷信是一把短剑，伪善者用它来刺杀灵魂。"

在拿破仑·希尔用来撰写成功学书籍的打字机前面，悬挂着一个牌子，其上用大写字母写下了下面的一些字句："日复一日，我在各方面都将获得更大的成功。"

一名怀疑者在看到这个牌子之后，问拿破仑·希尔是否真的相信"那一套"。拿破仑·希尔回答说："我当然不相信。这个牌子'只不过'协助我脱离了我本来担任矿工的那个煤矿坑，并替我在这个世界里谋得一席之地，使我能够协助10万人力争上游，在他们思想中灌输与这个牌子内容相同的积极思想。所以，我何必相信它呢？"

这个人在起身准备离去时，说道："好吧，也许这一套哲学有它的一点道理，因为，我一直害怕自己会成为一名失败者，到目前为止，我的这种恐惧可以说已经彻底消失了。"

你若不是逼迫自己走向贫穷、悲哀与失败，就是正引导着自己攀向成功的最高峰，这完全取决于你是采取哪一种想法。这就是说，恐惧是可以被克服、被打败的，只要我们了解资源是存在于我们自身，而不是在世界上的某个地方。

第三章 战胜压力，快乐生活

第三章　战胜压力，快乐生活

健康与压力的关系

压力就像空气一样，无时无处不在。任何人，任何年龄段的人，不管在什么时候，都会随时随地遇到压力。我们总说现代人的压力大，原因就是现代人的生活方式多，而且由于信息的多样化，导致"生活好"的标准也跟着多样化。为了达到这些标准，我们不得不提醒自己——这也不行，那也不行，我们还有很多工作要做。

压力无疑是一把双刃剑。一方面，压力的确给每个人都带来了不可估量的消极影响：随便关注一下新闻，我们就可以看到由压力所造成的大量触目惊心的案例。即使是大部分

普通人，也被疲劳、抑郁、头疼等亚健康状态缠绕。在工作中，还能看到由于压力引起的效率下降、旷工、工伤、消极怠工等现象。

生活中，遭遇压力是不可避免的，人们在压力下通常会有一些生理反应和表现，通常人们的表现有：心跳开始加快；呼吸开始急促；肌肉紧张并准备行动；视觉变得敏锐起来；胃里打鼓；开始出汗等等。

但是，压力也有积极的作用，也不一定带来负面影响，压力可以是正确的，可以是有益的，更可成为原动力，促使我们达到追求理想的生活目标。越有成就的人压力越大，压力可以说是其成功的必要条件。因为如果工作没有创造性和挑战性，人就会感到空虚，不求上进、得过且过没有追求的目标，严重情况下甚至会丧失自信心。自信心强、有能力的人往往愿意选择更有挑战性的任务。一些人为了实现某种目标，甚至主动给自己施压。

由此，我们可以给压力一个温馨的比喻：一杯看起来苦、喝起来又百味杂陈、充满了爱恨与依赖感的咖啡，饮用得当，它是很好的提神饮品；饮用不当，它又让人反胃。一个人若没有压力，人们就可能停滞不前，没有进步。能否化

第三章　战胜压力，快乐生活

压力为动力，取决于一个人的反应和处理方法，如果能适应转变、疏解压力，则压力反可激励斗志，开发人的才能和潜能，提高效率。

齐琪在北京已经快工作十年了，这十年里，她换了好几个工作岗位，这些岗位说不上好也说不上坏，就是能生活而已。但近年来，她发现自己的睡眠质量不断下降，莫名其妙地为未来担忧。虽然她也为自己买下了一个居住非常温馨的家，但她还是把自己认为是"北漂"一族，心里总是感到不安，一些奇怪的想法最近越来越让她感到害怕：如果我不工作多好，我为什么不是"富二代"或者是"官二代"？很想请一个没有期限的长假，回到过去，回到小时候。最让她难受的是这些想法完全没有倾吐的对象，朋友们分布在这个城市的各个角落，电话打通后却不知从何说起。也感到越来越寂寞和压抑，时常半夜醒来，就再也睡不着。

这正是压力积累而无处排解的表现。齐琪的压力来源于工作与生活的双重压力，她面对的压力或许并不明显，但确实很重要。

有的压力事件过程短，随着压力源的解除我们的压力也

就消失了；或者压力的强度不足以引起焦虑等心理疾病，我们甚至感觉不到这种压力的存在。只有当压力达到一定的强度而且持续时间较长的时候，我们才会感到压力的存在，感到在压力下身心的变化。

由此可见，每一个人都经历过不同程度的紧张，如面临升学考试、第一次应聘、第一次在工作会议上发表个人意见、演讲或赴重要的约会途中遇上大塞车，等等。

无论导致紧张的原因是什么，当人们处于紧张的状态时，便会分泌受压激素，例如肾上腺，并有以下的类似反应：呼吸急促，透气困难；心跳加速，口渴；肌肉紧张，尤其是额头、后颈、肩膀等部位的肌肉；小便频繁；不自觉的反应，胃酸分泌增加、血压升高、血液中化学物质的转变，如血糖和胆固醇的浓度提高、受压激素的分泌。这些身体征兆，像红灯一样，提示我们自己的身体已经进入紧张状态之中。

这些反应跟我们在洞穴居住的祖先一样，即做出"作战或逃避"的反应，在预备面对紧急事件时，做出快速的反应。例如，当人在森林中遇上正觅食的老虎，他做出的反应，可能是拔腿飞奔，或是留下与老虎搏斗，无论是哪一个反应，"作战或逃避"的生理反应能使你的身体有能力、快

第三章 战胜压力，快乐生活

速和有效地做出反应。你可能也经历过赶工或赶功课，事后惊讶自己的高效率，这其实是受压时的生理反应在帮助你。

不过，受压时的生理反应是针对身体上的危机，而不是心理上的危机，更不是心理上的挑战或压力。在当今社会，我们所遇到的压力，大部分是心理或精神压力；当我们受压时，身体不一定能"作战"或"逃避"，尤其我们都是"有文化"的人，讲话和行事都要有文化、有教养。例如，当我们在工作中感受到压力，不能一走了之，更不能用拳头解决问题。

当我们感受到压力的时候，身体会本能地做出反应，但这些反应，却没有引起人们的足够重视，让人们忽略了，时间长了，渐渐累积在身体里，影响身体健康，长期性的压力，如果处理不当，就会导致身体上的不适，甚至是病痛（身心疲惫），又会使工作能力降低，影响人际关系。

什么是身心病？顾名思义，身心病是指由于情绪或性格而产生的生理疾病，是真正肉体上的疾病。身体和心理因素的关系不可分割，它们互相影响，心理健康受身体的健康所制约，而身体健康也受心理因素的影响。很多临床实践和研究显示，长期处于紧张状态之中的人，患上身心病的机会

比较高。除了长期性的压力，压力的程度与身心健康的关系也非常密切。胃溃疡、高血压、心脏病、背劲背痛、紧张性头通、哮喘都是身心病的例子。有报告显示：压力引起内分泌和免役系统失调，身体的免疫能力下降，是类风湿性关节炎、癌症等疾病的诱因。

压力对身体的影响，主要是由于人的紧张所带来的生理反应，没有充分被认识到，而做出积极的反应，使身体不断停留在一个亢奋的状态，就算压力消失，也不能恢复松弛状态。

冠心病、瘫痪性中风、高血压等循环系统毛病与压力的关系并不难理解。由于紧张导致血管壁收缩、血压升高，血液中的胆固醇提高，长期如此便使循环系统发生毛病。精神紧张导致胃酸过度分泌，刺激甚至依附在胃的壁上，最终会演变成胃痛、胃溃疡。紧张性头痛、背痛及颈硬背痛都是由于长期肌肉收缩所导致的。免疫力的降低引起哮喘和敏感。

当然，生活压力是这些病痛的其中一个成因，要预防身心病，其他方面的配合是非常重要的，如匀衡饮食、多运动等，都有助降低患上身心病，最重要的，是我们要学会为自己减压，不要让自己成为压力的奴隶。

第三章　战胜压力，快乐生活

压力对心理的影响

人们面临压力时会产生一系列的心理、生理的反应，这些反应在一定程度上是人类主动适应环境变化的需要。压力能唤起人类的潜能和创造力，但如果对压力处理不当，不但会损害我们的生理和心理健康，还会影响到社会的进步与和谐。

索某是一家国有企业的部门领导，一直以来工作都是尽职尽责，生活与工作都是非常的和谐。但是，在经历了一次恶性事故之后，他的生活也发生了巨大的变化。这次事故使该部门停产了两个月，尽管后来事故原因查明，索某并没有直接责任，但经历了这件事之后，他变得消极悲观、怨天尤

人、爱发脾气。此后一连几个月他都感到"没有力气",体重也逐渐下降。直到有一天下午,他突然昏倒在办公室,后经医院确认为糖尿病、合并酮症酸中毒。

类似的案例时有发生。如果较大的压力长时间得不到舒缓或释放,则可能转为病理改变,进而引发多种疾病,诸如紧张性头痛、多汗症、脱发症、神经性呕吐、神经性厌食、过敏性结肠炎、消化性溃疡、糖尿病、女性月经推迟、男性阳痿早泄等等。同时,对免疫性疾病、恶性肿瘤的发生发展也起着推波助澜的作用。

过大的压力还会影响人们的认知能力,造成注意力难以集中、记忆力衰退、判断力下降、甚至出现幻觉、思维混乱、反应速度减慢等现象。此外,长期的压力累积还会造成心理和精神上的压抑,带来精神紧张、沮丧、没有安全感、生活没有目标等问题,严重的还会引起抑郁、性格分裂等精神疾病,甚至造成自杀。一些学者的研究还证明,过大的心理压力和癌症、心脏病的发作有着密不可分的关系。

在情绪上,压力会导致抑郁、激动、无助、绝望等负面情绪,造成幸福感消失、自我协调和对他人的接纳程度大大降低,进而影响与他人的交往。所以,压力过大会导致一

第三章 战胜压力，快乐生活

些反常行为，例如精神萎靡、举止古怪、待人敷衍、推卸责任、滥用药物、人际关系恶劣等等。

压力过大的人，往往情绪低落，对生活失去兴趣和动力，心神不安、肌肉紧张、心跳加快、多汗、容易疲倦等；对各方面的事情均感到难以控制，失眠，精神忧郁，脾气暴躁，出现持续而不合理的强迫意念、强迫行为；总是突然间感到不安或惶恐，心跳加快，呼吸困难，头晕恶心，发抖出汗，身体有刺痛或麻木感，害怕失控，害怕死亡，魂不守舍，觉得周围的事物不真实等。

更深远的影响还表现在性格的变化上，主要表现有：

（1）执拗。执拗是一种逆反心理。人在遭受重大挫折之后，容易因为失去理智而表现出顽固的思想和行为，顽强地坚持所认定的事物。这时，他会一意孤行，即使再度失败也还是不能接受事实。

（2）否定。当我们对实际存在的、引起忧虑的环境或事件无法接受或有意逃避时，就会对事件或环境进行否定，以此达到心理平衡，并想以此来消除忧虑，得以解脱。否定的心理就是对引起忧虑的事情的真实性表示怀疑，甚至自欺欺人地认为不曾发生过。

（3）冷漠。由于曾经受到巨大的挫折和伤害，害怕再度受伤，拒绝一切可能造成痛苦的因素而采取的心理措施。他们对任何事情无动于衷，漠不关心，其内心却又十分难过和痛苦。

由此可见，压力不仅影响人的生理，更影响人的心理。一定程度的压力有益于我们的心理成长，增加生活情趣，激发我们奋进，有助于我们更敏捷地思考，更勤奋地工作，更增强了我们的自尊和自信，因为有了特定的能够实现的人生目标。然而，如果压力越过最大限度，就会使我们心力衰竭，行为混乱。由于目标意义减少，并且毫无希望、难以实现，就会使我们感到自己是无用之人，毫无价值。如果反应持续太长，就会造成危害，使人垮掉。

人在面临压力需要做出认知评价时，常常会出现一个停顿，一旦做出评价，便会有反抗压力阶段，如果拖延时间超出，紧接着就会是精疲力竭阶段。处于反抗阶段时心理作用会加强，从反抗到衰竭是个循序渐进的过程，而一旦衰竭，心理功能就彻底停止作用。

由于生活和心理作用相关，生理和心理能量不可分割，我们在生活上越感到衰竭，自我倦怠地对待压力的心理反应

第三章 战胜压力，快乐生活

便越是衰竭，反之亦然。有些人只要一发现生理受损迹象，心理上也退却了。而另一些人则相反，他们靠意志力坚持着，哪怕超出了生理衰竭程度，他们也会在困难面前奋斗拼搏下去。

就压力的有益或有害的心理影响而言，当然有害影响也是因人而异的。我们将其影响分为对思考和理解的影响，对感情情感和性格的影响，如下所列：

（1）情绪上：莫名的焦虑、压抑、忧郁、暴躁、沮丧、烦闷等，并且经常感到心理紧张不安和悲观失望，没有自信心，对工作不满意，感到疲惫，易发脾气，自我效能感下降，精神不振，等等。

（2）认知上：专心和注意的范围缩小，难以保持聚精会神，观察能力降低；经常遗忘正在思考或谈论的事情；短期和长期记忆力减退；记忆范围缩小，对非常熟悉的事物的记忆和辨别能力下降，实际的反应速度减慢，对现实的判断缺少效率，客观公平的判断能力降低；思维模式变得混乱无章等。

（3）生理上：心跳加快，消化不良，胃口不好，失眠，疲劳，身体不适等，随着工作量的加大会相伴产生连锁性的生理反应，如眼花、腰酸、背痛等，出现不同程度的亚健康

状态。

（4）行为上：易冲动，情感失常，常发脾气，精力不济，兴趣和热情减退，睡眠被搅乱，暴饮暴食或食欲不振，有的人抽烟、喝酒次数增多，放弃部分日常工作，减少或放弃社会应酬。

在我们的日常生活中，每个人都要面对许多人事的变化，都要受到各种各样的刺激和压力。情绪反应不仅要通过心理状态而且要通过生理状态的广泛波动实现。但是当这些精神刺激因素超过人的承受限度，或长期反复刺激，便会引起中枢神经系统的失调，导致内脏功能紊乱，因而发生疾病。

在一切对人不利的影响中，最使人颓丧、患病和短命夭亡的就是不良情绪和恶劣心境。相反，心理平衡，笑对人生，特别有利于身心健康。

在我们的人生道路上，不如意的事十有八九，使我们的情绪陷入低潮，情感受到损失和折磨。不良的情绪必然会损害人际关系，使我们失去一些机遇。

我们应该明白，生活中的人和事是复杂的。可为什么在为人处事的时候，却会出现"要么极好，要么极坏"的极端现象呢？这是因为人们常常被潜伏在心中的偏激情绪所左

第三章　战胜压力，快乐生活

右。情绪往往是人们待人处世的一副有色眼镜，使人难以实事求是，恰当看待。

在处理压力时，如果心绪不佳，被自己一时的情绪所支配，就很容易失掉一个又一个锻炼自己的机会。我们不能被偏激的情绪所支配而决定取舍，本来是一件应该去做的好事，却因一时对它看不惯而放弃了它；而对本来不该参与的坏事，却因一时的好感和冲动盲目地投身其中，其结果也就可想而知了。

一个人的敌意来自他那灰暗的心理和对别人的不信任，一个心理灰暗的人即使他并不清楚别人在想什么，他也会在那里怀疑别人怀着不良动机。这一连串恼怒、怀疑和报复的连锁心理反应，很容易使人头昏脑涨、失控疯狂、说蠢话、办蠢事。一个情绪糟糕的人，往往会觉得一切都糟糕，即使遇到了好事和良机的预兆，没有压力也感到有压力而使自己躲避起来，或者拒之门外，一脚踢开。所以，不良情绪是一种危害，就是容易把事情弄颠倒，失去难得的机遇。一般来说，人们在情绪不稳定时其判断力是靠不住的。这种情况下，最好不要做出重要的选择。

我们每个人总是生活在矛盾的世界中，心理平衡时常有

被打破的可能,一旦打破,就有可能连续出错,根本无法去拥有良好的生活状态。记住,控制自己的情绪,正视压力的影响,不要让压力打垮你。

第三章 战胜压力，快乐生活

压力可以变成动力

　　吉米曾经作出这样的分析，当一个悲观的人面对坏消息时，他会认为这个世界给我们的压力太多了；当一个乐观的人面对坏消息时，他却能把他转换成好消息，他会认为我们能够学会有效对付压力。

　　这说明了什么，说明了在我们的生存环境里，绝对的保险是没有的，也没有绝对不失败的计划，没有绝对可靠的设计，没有全无风险的安排。人生决不可能那么完美。人的一生充满压力。但是，每个人对压力的反应各不相同：有些人被压力压垮，有些人则借压力刷新世界纪录。

设想你总是家中晚上第一个下班回家的人。一天晚上，你跟平时一样回到家，走进一所刚住不久的房子。突然踢踢踏踏的脚步声从楼上传来，随即，脚步声开始走下楼梯。刹那间，自动反应系统开启，进入高度戒备状态，促使你做好准备：或者同来犯者战斗，或者尽快撒腿跑出去。可是不一会儿，脚步声转下楼梯，结果来人是你的妻子（丈夫）。原来是她（他）的工作时间出人意料地有了变动，今后将提前一小时到家。第二天晚上，当你步入那幢房子听到同样的脚步声时，就会在做出反应之前关闭自动反应系统，并向它保证这个脚步声不是威胁，而是受欢迎的声音。这个例子说明了一点，外界因素是两种情形下的同一种东西，所不同的只是你对它的心理解释。正是这种认知评价激发或没能激发自动反应。你通常不是直接选择反应的，也不是指示肾上腺、甲状腺、肝脏或其他组织开始工作的。如果我们的生活面临一定程度的压力，有助于我们的心理成熟，增加生活情趣，激发我们奋进，有助于我们更敏捷地思考。

一位名不见经传的年轻人第一次参加马拉松比赛就获得了冠军，并且打破了世界纪录。

他冲过终点后，新闻记者蜂拥而至，团团围住他，不停

第三章　战胜压力，快乐生活

地提问："你是如何取得这样好的成绩的？"

年轻的冠军喘着粗气说："因为，因为我的身后有一只狼。"

迎着记者们惊讶和探询的目光，他继续说："三年前，我开始练长跑。训练基地的四周是崇山峻岭，每天凌晨两三点钟，教练就让我起床，在山岭间训练。可我尽了自己的最大努力，进步却一直不快。"

"有一天清晨，我在训练的途中，忽然听见身后传来狼的叫声，开始是零星的几声，似乎还很遥远，但很快就急促起来，而且就在我的身后。我知道是一只狼盯上了我，我甚至不敢回头，没命地跑着。那天训练，我的成绩好极了。后来教练问我原因，我说我听见了狼的叫声。教练意味深长地说：'原来不是你不行，而是你的身后缺少一只狼。'后来，我才知道，那天清晨根本就没有狼，我听见的狼叫，是教练装出来的。从那以后，每次训练时，我都想象着身后有一只狼，成绩突飞猛进。今天，当我参加这场比赛时，我依然想象我的身后有一只狼。所以，我成功了！"

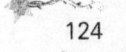

斯巴昆说:"有许多人一生的伟大,来自他们所经历的大困难。"精良的斧头,锋利的斧刃是从炉火的锻炼与磨削中得来的。很多人,具备"大有作为"的才资,由于一生中没有同逆境搏斗的机会,没有经过困难的磨炼,足以刺激起其内在潜伏能力的发动,而终生被埋没无闻。所以说,我们要这样暗示自己:逆境不是我们的仇敌,实在是恩人。逆境可以锻炼我们"克服逆境"的种种能力。

《简·爱》的作者意味深长地说:"人活着就是为了含辛茹苦。"人的一生肯定会有各种各样的压力,于是内心总经受着煎熬,但这才是真实的人生。人无压力轻飘飘,事实上压力并不是一件坏事,它是成就你辉煌的最雄厚资本。

压力是现代生活中很平常的一部分,我们每个人都有属于自己的压力,忽略它,它可能会使你折寿的;接受它,并且积极地解决它,那种压力将会成为动力。如何能做到呢?

1、要意识到一些压力的益处和它能为你提供行为的动机。例如,如果没有来自支持生活费用的压力,某些人是不会工作的。

2、要认识到压力拖久了,将是很麻烦的、棘手的问题。

有篇报道:一座可载重十吨的桥,它为社会很好地服务

第三章 战胜压力，快乐生活

了十五个年头，在这个过程中它承载了数百万吨的重量，但是有一天，一位运载伐木的卡车司机，轻视了限载十吨的标志，结果桥坍塌了。

这个报道说明，一旦压力大到超过人所能承受的限度，人将不堪重负，甚至有可能被击垮。

一些事例和汤姆斯·荷马斯对压力所作的研究的情形非常吻合。他发现造成压力的最大的原因是许多的"改变"同时发生，如果，"生活改变单位量"累积达到或超过300就意味着是"超载"。他将生活中不同的改变进行量化分析，并列出一个衡量标准，例如，配偶死亡的指数为100，分居或离婚为65，结婚50，失业为47等等。他将这些改变指数逐一相加，如果生活改变指数在150-199之间，表示承受的压力较小；若在200-299之间，表示承受的压力较大；若超过300，则意味着压力已经达到令自己不能接受了，这也就意味着我们的人生"超载"了。

3、越早辨明征兆越好。弗瑞德·史丹瑞在《生活》杂志上说："压力将引发许多疾病，诸如，癌症、关节炎、心脏和呼吸器官的疾病、偏头痛、敏感症，以及其他心理和生理上的官能障碍。"

其他的压力症状被列为：肌肉痉挛、肩、背酸痛，失眠，疲劳，厌倦，沮丧，情绪低落，反应迟钝，缺乏喜好，饮酒过多，摄食过多或过少，腹泻，经痛，便秘，心悸，恐惧，烦躁。

4、辨明症结所在。正如前面所提到的"改变"是造成压力的主要原因。生活中每天的烦恼的积累可能造成的"高压"，远甚于一个单纯的外伤。像一句谚语所说的："一些琐事搅扰我们，并且把我们送上拷问台：你可以坐在山上，却不能坐在针尖上。"

不管是什么导致了压力，找出它来才可以针对它做些什么。

5、寻找可行的治疗途径。

（1）变压力为动力的出发点是减轻你的"负载"。80%的治疗可能通过写下你所看重的和你所背负的责任来进行，然后设置轻重缓急的级别，放下那些不重要的。

（2）请记住：超人只存在于滑稽剧和影片中。每个人都有自己的局限，应认识、接受你自己的"有限"，并且在达到你的限度之前停下来。

（3）伴随着压力而来的有被压抑的感觉，找你所信赖

第三章 战胜压力，快乐生活

的朋友或者心理辅导来诉说你的感受，直接减轻你压抑的感觉，这有益于你客观、冷静地思考和计划。

（4）放弃改变你不能改变的环境。正像一个爸爸告诉他那急躁的年少儿子："除非你意识到并且接受生活的残酷，问题才会变得简单。"学会适应和在斗争之上生活，才会使我们成长并成熟。

（5）尽量避免重大的人生转变发生在你的单身时期。

（6）如果你对某人怀有怨恨，应及时解决造成问题的分歧，"生气不可到日落"。

（7）用一些时间来休息和娱乐。

（8）注意你的饮食习惯。当我们在压力之下时，我们常趋向于过量饮食，尤其是一些只会使压力增加的、无利于营养的食物。均衡地摄取蛋白质、维他命、植物纤维，有利于排除白糖、咖啡因、多余的脂肪、酒精和烟碱，这是减轻压力和其他的影响所必需的。

（9）确保参加一些体育锻炼，这能使你更健康，并且有利于消耗掉多余的肾上腺素，它能引发压力和伴随而来的焦虑。

（10）变压力为动力的最根本的答案是：靠信念，并且它对你每天生活旨意相一致。应当一无挂虑，只要凡事借着

追求和信仰,将你们所要的一切寄托于它,并且别忘了为它所应允的而献上感谢。这样你将经历永远的平安。

第三章 战胜压力,快乐生活

战胜压力,快乐生活

我们可以说压力是生活的一部分,是自然的、不可避免的。从原始社会开始,压力就存在于人们的生活之中,寻找食物、寻找住所、寻求安全以及寻找配偶繁衍后代。总之,要生存下去。在现代社会中,压力与基本的生存手段关系减少了,而与社会的成功、与对极大提高的生活水平的评判、与满足自己或他人的愿望紧密相关。

压力似乎是人类状况如此自然的一部分,以至于如果缺了它,人类自己还要创造出压力。最简单的例子莫过于有时我们宁愿承担心理压力也要把事情拖到最后一分钟去做。不

只是对那些令人不快的、不想去做的事情是如此，即使对那些我们愿意去做，有必要去做，做完后感到充实、感到有价值的事也同样如此。我们之中许多人似乎只有在经历这种压力时工作才能完成得更出色。还有一种情况是，有些人喜欢把别人置于压力之下。这样看来，压力在生活中难免存在。

职场是最为熟悉的压力来源。当人们面对着全新的工作环境和陌生的工作内容，或者面对外部环境变化的时候，自然而然会感受到压力的存在。同时，工作量大、任务时间紧迫、工作单调、不明确的职业角色定位、不乐观的职务提升前景等都会给我们带来各种各样的压力。

现代社会中，不同家庭理念之间的摩擦，传统和现代之间的碰撞难免会给人们带来一些考验。另外，家庭经济困难、住房状况紧张、子女教育就业等问题也都有可能成为家庭压力的导火索。

除此之外，超负荷的学习任务、复杂的人际关系、社会迅速发展带来的不安定心理也会给人们带来形形色色的不同压力。但很多时候，沉重的压力并非来源于工作内容本身，而是我们的一些固有的想法刺激自己的情绪作出痛苦的反应。正是这些不良的想法搞垮了我们的心理，慢慢地侵蚀着

第三章　战胜压力，快乐生活

我们的健康。

人们面临压力时会产生一系列心理、生理的反应，这些反应在一定程度上是人类主动适应环境变化的需要。压力能唤起人类的潜能和创造力，但如果压力处理不当，不但会损害我们的生理健康和心理健康，还会影响到社会的进步与和谐。

而适当的压力既不会损害人的身心健康，还能激发人的潜能，使其把工作做得更好、更有效率。在现实生活中，人们往往看到的或者是"榨干你每一滴血"的高压力工作环境，或者是你有一桶水的水平，只能让你倒出半桶水的无压力环境。而无压力实际上也是一种压力，在这种环境下，你会感到很压抑，觉得自己的能力无处发挥和表现，这种压力其实更甚于前者。

压力在我们的生活中到处可见其身影，例如孩子上学有压力；面对高考有压力；找工作时有压力；准备结婚了要买房有压力；有了孩子有压力；父母年纪大了身体不好有压力——我们随时随地都能感受到来自各个方面的压力。

压力，就如同城市生活中的一杯咖啡，大家都希望喝过之后就能在城市当中立足。但可能有的人还没做好尝苦的心理准备，只喝了一口就摇头放弃；也有的强忍着一口气吞

下，还没来得及品尝其中滋味，就自欺欺人地自以为过了关，而没有想到迎接自己的还有一杯接一杯的一样的咖啡；只有真正接受它，并用心细品的人，才能尝得到那种苦尽甘来的滋味，并接纳它成为自己工作和生活中不可或缺的一部分。

压力就是这样，和社会的竞争、自己的追求紧密相伴。我们无法躲避，也无法拒绝，要做的只能是做好准备去面对，在压力下正常而有序地工作，在压力下为自己的生存和发展而奋斗。

但我们也要注意到，压力是人生不可避免的东西，只是每个人因为性格和差异以及客观的经历际遇各有不同，以致感受压力的大小也有分别。有人经常承受沉重的压力，有人一生都压力轻微，但无论压力大小，当压力临头时，我们都应知道如何面对，从而战胜压力。因为惟有这样，我们才能快乐地生活，享受自在人生。

战胜压力，可不要想象成收紧所有肌肉去预备去与给你带来压力的对手去较量那么简单，如果抱着这种态度，只不过在压力之上，再多加一重压力。你倒不如想象，面对的是一堆易燃的障碍物，你只不过是点燃火种，让火种顺势燃烧起来，很轻松地就把障碍物全部燃烧掉。

第三章　战胜压力，快乐生活

战胜压力，你才能拥有快乐的生活，因为战胜压力，可以给你带来以下好处。

好处一：有利于身体健康。

压力本身有害于日常工作的机能活动，当身心与环境平衡时，压力可以迅即消除，但如果失去平衡，压力就明显了。这压力来自内心，却对身体有重大影响，这种影响是持续的，它令神经系统紧张，导致身体肌肉随意收缩，能压制身体的机能，使人体不能正常运作。

压力导致的紧张反应，最明显的就是血压增高。在正常状态下，血压增高可以回落，但长期承受压力，却使血压处于高水平，不能降下来。一些在紧张时出现的内分泌模式长期持续而成为常态，便会削弱生理功能，产生多种疾病。

人体各部分任何一种疾病，压力都可能成为一个重要因素，病原体并不轻易在一个完全健康的人身体上作怪。但世界上找不到完全健康的人，因为大家都要承受压力，而压力重一分，病原体作怪的机会就增大一分。压力使身体的调节机能下降，令身体各器官容易推敲。器官运作失调，本身就已经病变，再加上环境中有细菌病毒等，就更加容易使人生病。

消解压力，就是给予身体各方面一个复原的机会。

你可能身体上有很多很多的毛病，机体虚弱，程度还未被医生定为恶化，但已经浑身不适，活动能力差。你当然要照顾好自己的身体，其中一种方法，就是消除压力。压力一旦解除，动作得不到正常的机能，都可以恢复生机，很多致病的因子就会被排除去，精神必然比较充沛，任何时候的状态也都会比较好。

好处二：有利于心理健康。

压力巨大，令人对世界有悲观消极的印象。世界是好是坏，没有一个统一的答案，世上没有一个纯粹客观的世界，我们都要通过自己主观的身心来认识世界。主观会给世界着色，成为我们对世界的的印象。一般人很难发现，原来我们感知的世界，都加入了主观的成分。

累积了沉重压力的人看世界，看到的会是一个缺陷重重的世界，一个灰色的世界。

可是，在绝大多数情况下，世界都不是如想象中那样悲惨，只是我们主观的心志累积了压力，以致不能用比较乐观积极的眼光看世界而已。其实无论如何更换有色眼镜，这个世界都是那个样子，并不会好起来。要想有所改变，就只能改变自己的内心，清理内心的杂物。累积的压力是一些既沉

第三章 战胜压力，快乐生活

重又无用的东西，而且带有异味，把内心弄得杂乱不堪。你没有别的选择，只有战胜它。

内心战胜了压力，就如同给心灵来一个大扫除，把积压的不快除去。而且，最好是建立定期清理心灵的习惯，使心灵保持新鲜，这个心灵状态带来的世界，是乐观、积极、快乐、和谐、有希望的，以后所经历的一切，虽然仍然有压力，但却已经做好了不累积它的心理准备。

一个未战胜压力的人，与一个已经战胜了压力的人，虽然过着同样的生活，但生活对他们的影响将有重大区别。

好处三：有利于家庭和睦。

压力在很多时候是破坏和谐家庭的元凶。男女结婚，组建小家庭，生儿育女。为的是要建立一个和谐安乐窝，没有一个想去蓄意破坏家庭。个人幸福和家庭的生活之间，有极其重要的关系，在外面见到很多冰冷的嘴脸，连自己也要冰冷起来，但回到家中，那些都是自己至亲至爱的人，配偶、父母、兄弟姐妹、子女等，应该可以把冰冷嘴脸脱下，换上真情和温馨。

但是压力却破坏了家庭的温馨，无数的压力令人心情烦燥，少许事情也会令人动怒。回到家中，如果那并不是一个

很理想的家，依然要面对生活的种种压力，或是为了家庭经济，或是为了个别家庭成员的行为，或是为了子女的教育问题，或是家庭位于一个不理想的居住环境里，或是把工作压力带回家中，这都会损害家庭的和谐安乐。

如果内心战胜了压力，人们就可以腾出空间去面对家庭问题，用温和的心态处理家事，无论这个人是儿子，或是父亲，或是太太，或是其他角色，只要他消除了自己的压力，跨出了第一步，那就一定能够改善家庭关系，创建和睦的家庭。

好处四：有利于提高工作效率。

压力具有积极的意义，人们有时能够把适当的压力转化为人生的原动力。人有积极向上的意向，但同时也有惰性，在没有压力的情况下，惰性就会抬头。我国以往实行计划经济，在国有企业工作的工人，因为没有压力，逐渐形成惰性，造成工作效率低下，没有创意。

因此，有适当的压力是应该的，这有利于提高工作效率。成功的管理人员，都会刻意去创造一些压力，鞭策下属，令下属不敢懈怠。这类管理人员，既能奖罚，也能给予赞赏，让那些在压力下努力工作的下属，得到应得的奖励。

适当的压力不仅不会妨碍工作表现，反而有正确的帮

第三章　战胜压力，快乐生活

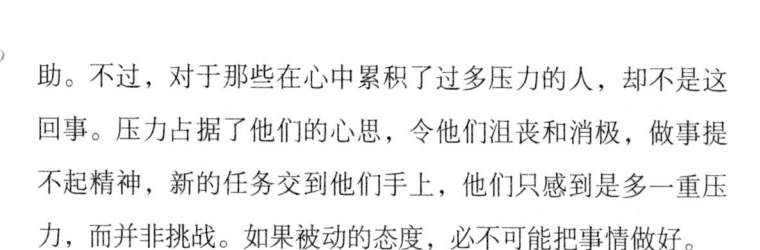

助。不过，对于那些在心中累积了过多压力的人，却不是这回事。压力占据了他们的心思，令他们沮丧和消极，做事提不起精神，新的任务交到他们手上，他们只感到是多一重压力，而并非挑战。如果被动的态度，必不可能把事情做好。

但战胜了压力的人就不是这样，他们心中的空间容量很大，可以承受新的挑战，可以发挥积极性，运用创意，用心用力，在他们力所能及的范围内把工作做到尽善尽美。

好处五：有利于改善人际关系。

压力会破坏人际关系，因为压力使人敏感易动气，为一些小事也会与人反目，这自然难以和其他人建立起良好的关系。谈不上十句就动火，轻轻的碰撞，或只是一个眼神，便已经令他觉得他人怀有敌意，他人的表现可能没有什么特殊意思，但他却理解为敌意，有意挑战，因而怒火中烧。

压力令人愤怒，积压的愤怒使人寻找宣泄的途径，气已经差不多满溢了，只差那么一点点，这下子可要看看哪一个是代罪羔羊，在"最后一击"的时候，火山爆发了。

受气的人与其他人之间隔着一堵坚固地墙壁，那是固若金汤的城池，要打破也不是不可能，重点就是要消除压力。那是由压力砌成的墙，心病还需心药医，只有把压力除去，才可以

真真正正地重建人际关系。一个被压力压得透不过气来的人,和没有压力而活泼自在的人,人际关系不可同日而语。

战胜了压力的人,你可以从他们的表情上看出来,他们容易浮现笑脸,说话轻松幽默。那些未能战胜压力的人,却是苦着脸,说话过度严肃。人们喜欢和哪一类人交往,自然不难明白。

生活中的压力无处不在,我们必须学着战胜压力,摆脱压力的束缚,只有这样,我们才能享受快乐的人生。

第三章　战胜压力，快乐生活

不要让压力打垮你

当你觉得面对压力，你的身体会做出反应时，你就会发现，你的内心会有一股力量促进身体对面临的挑战做出响应，或坚守阵地，或发动反击，或迅速战略性撤退。这种反应不是我们通过中枢神经系统有意识地支配的。它是无意识的，就像我们的身体对食物的消化一样，人体能够根据需要做出反应，用不着我们告诉它该怎样做。

在这种反映过程中，身体内部每个部分都处于临战状态。然而问题在于，如果无限制地任其发展，那么每一件都能损坏我们的身体。因为它们生性就只做快速敏捷的反应，

一旦紧急情况消失便立即关闭反应系统，否则，就会产生副作用。人体经过长时间的进化已经能以动员和解散的方法对付外界的威胁。然而，当今社会常常既不允许我们用打或撤的办法去对付所面临的压力，又不会消除这些压力以使我们得到松弛，身体就受到影响。

看看身体对压力反应的主要方面及其承受压力过久所受到的损害，无疑对我们有帮助。

长期过重的不良压力，会对我们的生理、情绪、认知、行为等诸多方面造成危害。

（1）压力造成情绪危害性。生活中，过重的压力会使人产生忧郁、恐惧、焦虑、自卑、无助、沮丧、烦乱、自责等不良情绪。高度压力下，人们多数会变得浮躁不安、暴躁易怒。比如下岗给人带来很大的压力，下岗者会因此产生浮躁不安、消极厌世等不良情绪，进而对社会产生敌意，很可能在家中或者在公众面前上演暴力事件。

有研究发现，长期承受过重压力而不会调节的人，忧郁症和其他心理症状的罹患率也比较高。

（2）压力带来的认识危害。过重的压力会影响人的理解、记忆、注意力等认知能力，僵化人的思维、降低人的智

第三章 战胜压力，快乐生活

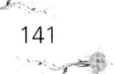

力水平。比如考试焦虑症，就是因为压力太大在考场上或考前出现大脑一片空白，原先记住的都想不起来，简单的问题也不会解答。

（3）压力带来的行为危害。承受过重的压力，人们的行为很容易失控，既伤害了自己也伤害了别人。比如，很多学生在强大的学习压力之下，会出现频繁逃课、对人怀有敌意、对同学进行攻击、撒谎、离家出走、偷窃、自残等不理智行为，更有甚者，还会做出伤害老师、亲人的恶行。压力还会影响人的人际交往能力，如压力大的人常对人冷淡，容易与人起冲突等。压力易使人染上不良生活习惯，有的人为了逃避压力而吸烟、酗酒、吸毒等。压力过重还会使人形成一些强迫性行为，有个强迫症患者，就是因为一个死于癌症的朋友生前在他家住过，他害怕自己被传染，在过重的心理压力下，他反复洗手，最终一发不可收拾。

（4）压力对生理的危害。压力对生理的危害有一个发展过程：在不良压力之下，人们首先出现警觉反应，全身各部位自然动员，进入警觉状态以抵抗压力。然后进入抵抗期，即人体不断自我调整，保持高度的生理兴奋，以抵抗压力。最后进入衰退期，此时由于人长期而持续处于压力之下，身体抵抗

能量耗尽,高血压、偏头痛、腰酸背痛、以及疾病、胃肠疾病、月经失调、皮肤病等其中一个或多个问题开始出现。

第三章　战胜压力，快乐生活

学会给自己减压

不良压力危害人的生理和心理健康，威胁人生幸福，学会给自己减压是一堂人生必修课。

我们每个人都在承受不同大小的压力，但有无危害或者危害是轻是重却因人而异。个人心理素质好，或者自我调适能力强，压力对其危险就可能小一些，反之，压力危害就会比较大。

长期的压力，会对人的情绪、认知、行为、生理等方面带来危害，但是压力对人的危害却又是因人而异的，因此，我们必须学会给自己减压，不断调整自己的心理状态，使我

们免受压力的伤害。

　　对于面临生活和工作中压力的人来说，解除压力追求放松是很重要的。因此，我们有必要探索一些有关放松本身的艺术。在放松状态中，精神和肉体都从意识要求中解脱出来，变得不再紧张。然而，说者容易做者难。许多人绝望地称自己就是放松不了。他们总觉得生活像上紧了发条的闹钟一样，总是充满压力。原因之一就是他们的头脑从未静过，其次就是他们没有足够的身体意识准确测定出白天开始紧张的时刻。

　　由于对自己的身体更具意识，你会认识到紧张的产生是促使身体行动的一种方法。紧张本身是自然的，但它后面的能量的行动应该被放掉，身体才会随之放松。解决的办法就是一旦压力出现，立刻消除之。当你感到肌肉自动动员起来准备行动时，马上示意它们这个行为没有必要，它们可以自由，解除紧张。这个过程一开始是有意识的，但很快就变成半自动的。随着练习的不断继续，身体能在一开始便获得没必要紧张的信息，放松会愈加成为惯性状态。

　　开始你的放松练习吧，你会从内心逐渐体验到你的身体。会感觉轻松、愉快，你会意识到肌肉紧张或呼吸节奏被

第三章　战胜压力，快乐生活

打乱的那一刻，并能立刻放松，使身体回复到自然、没有压力的状态。

除上述之外，减压还有很多方法，下面我们就为大家介绍常用的几种：

第一种，让瑜伽帮你的忙。

瑜珈遐思冥想功能帮助我们放松自己，减慢呼吸，降低心率，减少耗氧量，缓解肌肉紧张，改善脑电波，从而让我们从容应对压力。如果借助香水和音乐，效果则更佳。

第二种，香水冥想法。

给自己喷上香水，采取莲花坐姿，然后闭上双眼，集中精神呼时，进入较深的意识状态，幻想自己在一个百花齐放的花园里，微风吹来，飘来各种各样的花香，花园里有一条蜿蜒的小溪，小溪里飘散着各种各样的美丽花瓣。注意不是用鼻而是打开你的全身毛细孔，在吮吸着每一朵花香，感觉这股香像一股气流，又细又长，慢慢地沉入你的丹田。想象着这些花香作用于你的身体细胞后，你便产生了更多活力及生命力。

第三种，音乐冥想法。

放乐曲，然后坐下或躺下，全身放松，闭上眼睛，集中

精神呼吸，进入较深的意识状态。用整个身心去聆听，幻想音乐像潺潺的流水一样流遍你的全身，你会感觉到不只是耳朵在欣赏音乐，音乐已经进入了你的灵魂。

来自嗅觉和听觉的刺激会直接作用于我们的大脑，让我们的大脑暂时脱离于这个喧嚣的世界，安静片刻，让我们逃脱压力的包围真正地和自己在一起。

第四种，转移自己的注意力。

许多人以不同的方式来转移自己的注意力。例如，大多数的主管被人问到如何纾解压力时，"整理花园"是最常见的回答。当然对你的答案而言，可能是其他某种嗜好或某项活动。

你是否对某种嗜好着迷？当然嗜好的范畴相当广，一项训练有素的嗜好可平衡你的工作和生活，并且协助你在被形形色色的工作淹没时仍能保持头脑清醒。

你是否对于某些特定的活动颇能乐在其中？而它们能将你的注意力从工作上移开。

培养一些兴趣爱好，选择一项你想要知道更多的事物并且去探求它。当你感到满足时，再挑选另一项。渐渐地你会变得较有趣而容易相处，而且生活也不总是充满压力。

第三章 战胜压力，快乐生活

记得娱乐，缺少娱乐将会使生活变成一种工作——休息——工作的长期循环。这样会使自己很容易陷入抑郁的日常休息中。在办公室辛苦了一天后，拖着疲惫的步伐回家，然后你可能取消原先上馆子用餐的计划，瘫在沙发内看着电视。这似乎是较容易的事。当然，有时待在家里也是不错的松弛方法与实在的选择。然而，在某些情况下，待在家里却成为不做某些事情的借口。尝试着去做一些比待在家中更能使你感到快乐的事吧！

或许你可以养一只宠物。你借着照顾它们可使你暂时忘却自己的问题，当然也包括压力。

第五种，试着找一个可以放松的地方。

许多人都有他们最喜欢的地方。去某个地方吃饭，看书或是散步等。对你而言，这些地方是宁静祥和的，因此当你到了这些地方，你便能够冷静地去思考一些事情。

人与人之间的关系忽冷忽热，而与运动的关系却较值得信赖。不要忘记体育的魅力。

体育锻炼对减轻压力上的作用是巨大的。面对压力，我们的身体会自然的准备采取有力行动。当行动被阻止时，能量就被抑制在体内，造成紧张和其他有害影响。体育锻炼有

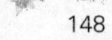

助于释放这种能量,有助于头脑转向其他事情,从而忘掉使身体集结的失意和压抑。如果你的压力来自别人的压迫,那么爆发性、竞争性的活动很适合你。如果你的压力来自于心情的不安,那么有节奏的轻缓的活动对你来说更适合。当然有些人参加活动,只是为了想和朋友们在一起,问题和方式对他们来说并不重要。

锻炼需要尽力,但也没必要为了对自己有利便使自己痛苦。把自己逼得太厉害不仅很危险,而且也是向多数人保证你坚持不下去的凭证。一旦你最初的热情消退,这种绝对的苦差会很快失去吸引力,坚持下去反而成了一种新的压力。因此,选择一项你喜爱的运动,保持一份愉快的体验,心理才不会产生抵抗情绪。当然,某些约定和自我约束还是必要的。

第六种,减压的其他妙招。

(1)做万一打算。俗话说"不怕一万,就怕万一",要随时做好迎接困难和压力的准备。

(2)以勇气、信心和希望来面对问题。问题往往是隐藏在一个恐怖面具之后的机会。当你以信心、希望和勇气来应付它时,就可以把它们转化为达成目的的敲门砖。

(3)面对问题,而不逃避问题。当你面临一个难题时,

别想着逃避它，逃避不能解决任何问题，你惟一能做的就是面对问题，找出解决的办法。

（4）认真了解问题。往往问题不获得解决是因为我们不了解问题的本质。把你认为的问题很简单地写下来，你会发现你所看到的常是问题的表面。

（5）以发问的方式来检查问题。在没看清楚整个问题前，不要立刻跳到结论。当你反复观察这个问题时，你会发现解决方法开始出现。

（6）想出几个可能的解决方法。在开始解决之前，你得有一个答案。很简单地把所有合理的选择列出来，跟那些你重视他们判断的人谈你的问题。

（7）立即采取行动。如果要采取非常措施，那就去做。两小时是无法让你跳过断崖的，我们需要只是几秒钟的决定。宁可出错，也比什么都不做或拖延行动为好。

（8）事情过去后，面对下一次挑战。失败者会在问题中打转，但赢家会改变方向继续前进。有些解决方法也许需要很长时间，你也许会调整既定的解决方案以适合新的消息和情况，但不要半途而废。

第七种，与压力和平共处五项原则。

适当压力对健康是有好处的，它可以让我们成长，但如果超过了我们承受压力的极限，恐怕亚健康与抑郁症之类的疾病就离我们不远了。人在极度大压力的情况下，体内的紧急动员系统会启动，从脑深层的下视丘将指令传给脑下垂体，发出强力信息再给肾上腺，然后分泌出压力荷尔蒙——肾上腺素。肾上腺素分泌过多，会减弱人体的消化能力，压抑平时极重要的免疫系统动作。所以身体长期处在高压状态，全身酸痛、高血脂、癌症和抑郁症之类疾病就会涌出来了。所以应付压力，与压力和平共处是再重要不过了。

原则一：建立自己的"支持网络"。任何时候，家人和朋友都是帮你缓解压力的最坚实的后盾和最牢靠的庇护伞。朋友们发自内心的关心和问候会让你觉得在这个世界上，不管发生了什么事，你都不孤独。所以平时建立一个自己的"支持网络"系统很重要，当你面临压力的时候，你就不会独自烦恼了。

原则二：运动。运动可以让你忘却烦恼，增强你的抗压能力。所以不管你有多忙碌，也不管你的压力有多大，锻炼不可少。

原则三：多吃抗压食物。含较多维生素B食物可以帮助

第三章 战胜压力，快乐生活

你亢奋精神，如糙米、燕麦、全麦、瘦猪肉、牛奶、蔬菜等。含硒较多的食物可以增强你的抗压能力，如大蒜、洋葱、海鲜类、全谷类食物等。

原则四：每天补充一粒维生素C。维生素C能够有效消除压力，现代人绝不可忽略这种消除压力的好方法。

原则五：求助心理学医生。如果压力已经使你焦虑不堪，应该求助心理医生，让心理医生替你解压。不要让压力积少成多，一旦超过你承受压力的极限，压力会击垮你。

有几种迹象显示情况严重。常觉得沮丧、急躁、疲倦、有罪恶感；经常头痛、胃痛、失眠；无缘无故地大笑或哭泣；老是怨天尤人；只看到事情的负面；对于以往享受的事物不再感到有趣，甚至视为负担。

请注意，如果你有以上3种以上的迹象，可能你快要被庞大的压力压垮了，这时候需要向精神科医生求助了。

说了以上种种对付压力的方法，尽可尝试一下，每种方法对每个人的效果是不同的。其实我们自己都有一些解除压力的途径，在你每次感到压力时你会如何去做？如果行动导致了压力的解除，这就是一种方法，尝试着记住它们，并加以利用。压力并不可怕，勇于面对是第一步。

第四章

消除不良思想

第四章　消除不良思想

宽容

法国作家雨果说过:"世界上最广阔的是海洋,比海洋更广阔的是天空,比天空更广阔的是人的胸怀。"大海因为宽广,所以可以波浪滔天;天空因为宽广,所以可以包容万物;而如果人的胸怀宽广,则可以包容我们身边的一切,乃至整个世界。

宽容是一种涵养,如丝丝春雨,能化千层冰,温暖你的心灵;又似暖暖春风,吹散心头的阴云,还你一片晴空。宽容不是懦弱,而是一种豁达和大度;宽容也不是放纵,而是一种关怀和体谅。宽容是人与人之间的一种润滑剂,也是人

生的一堂必修课。我们都应该学着宽容。

在学校里，孩子们都认为艾丽斯是一个严厉的老师，他们拘谨，胆怯，甚至不愿与她交谈。

艾丽斯自己也不愿造成这样的局面，其实她对每一个学生，都是出自一片好心——为了让他们好好学习，艾丽斯对他们的要求很严格，谁有了错误，她都毫不留情地给予批评，但效果并没有像她希望的那样好，艾丽斯感觉自己就是一个失败者，对自己的工作渐渐地缺乏了信心，生活也显得很沉闷。

有一天，艾丽斯突然这样想："如果我能少一点批评，多一点宽容呢？"

为了验证自己的想法，她决定做一个实验。

一天上午，她换了一套色彩鲜艳的衣服，来到学校时，也没有忘记把自己脸上的微笑显现出来。走在通往教室的小路上，艾丽斯还在盘算着这个实验。

突然，从后面飞过来一个皮球重重地打在了她的后背上，吓了她一跳，她回过头来，迈克惶恐地从地上捡起球，瞬间就像傻了一般，呆呆地站在她面前，等待她的批评。

第四章　消除不良思想

如果在以前，艾丽斯会狠狠地训斥他，但是一想到自己今天要做的实验，艾丽斯便耸耸肩，做了一个轻松的动作，意思是无所谓，迈克见状，随即道了声对不起便跑开了。

在这一天的课堂上，艾丽斯一反常态，没有挑剔学生们的坐姿是否端正，回答问题是否正确，注意力是否集中，她甚至没有批评未按时交作业的捣蛋鬼保罗，只是笑着让他一定补上，一整天她都在用乐观宽容的心态与大家相处。

放学时，一向羞涩的琼对她说："老师，您今天真漂亮啊！"

对于学生的赞许，艾丽斯感到自己从来没有像今天这样愉快和有信心，学生们似乎也可爱极了，他们回答问题积极踊跃，而且反应敏捷，注意力集中。

她知道，这个试验成功了，因为这让她知道了一个生活中的道理——人应该学会宽容。

有句话叫作"心有多大，舞台就有多大"。一个人有什么样的心胸，就会有什么样的舞台。你的胸怀可以包容一县，那你便可以做个小县令。你的胸怀可以包容一省，那么你就可以成为一个封疆大吏。你的胸怀如果可以包容万物，

那么整个天下也就可以为你所用了。

　　宽容可以减少人与人之间的隔阂，可以让人们更好地沟通，彼此多一些体贴和关怀。同时，宽容也可以解决许多棘手的问题，让生活中的许多难题迎刃而解。凡是能成大事之人，无一不是胸怀宽广的，像唐太宗李世民，横扫欧洲的拿破仑，还有统一了大草原的成吉思汗铁木真等，古今中外，概莫能外。宽容不仅仅用来做事，还应该用来做人。

　　在人与人之间交往的过程中，总会有发生摩擦的时候，而宽容则是消除这种误会的最佳良药。一个人如果不懂得宽容，那么就很难赢得别人的友谊，甚至还会失去曾经的友谊。生活中，我们经常会见到一对很要好的朋友，因为一点小事而闹得不欢而散。毕竟都是年轻人，都有火气，你不让我，我也不会让你，所以仅为了一点小事，便让朋友成陌路。

　　英国诗人济慈说过："人们应该彼此容忍，每个人都有缺点，在他最薄弱的方面，每个人都能被切割捣碎。"是的，人无完人，每个人都有犯错误的时候，我们应该彼此宽容，而不是互相伤害。

　　有一对老夫妇，他们生活了几十年，从来没有闹过矛

第四章　消除不良思想

盾。在他们金婚纪念日那天,很多人为他们庆祝。有人问他们婚姻保鲜的秘诀是什么。老妇人说:"从我结婚那天起,我便列出了丈夫的10条缺点,并告诉自己,为了我们的婚姻幸福,每当他犯了这10条中的任何一条时,我都会原谅他。"有人问她那10条错误是什么,丈夫听她这么说,也感到奇怪,大家都很期待她的回答。只见老妇人不慌不忙地说:"实话告诉你们,我从没将这10条内容列出。每当他惹我生气的时候,我总会对自己说,算他好运,犯的是可以原谅那些错误,这次就不与他计较了。"

这是一个让人觉得很温暖的故事,相信丈夫听了老妇人的话,一定倍感欣慰。我们都应该像那个老妇人学习,怀着一颗宽容的心,善待身边的人。如果人与人之间可以多一些宽容的话,那么磨擦也就少了。

当然,宽容不仅仅适用于婚姻,还适用于友谊,以及与任何人的相处之中。特别是我们的朋友,或许因为不小心,彼此总会伤害到对方,这时,受伤的一方给予对方的应该是宽容,而不是斤斤计较。毕竟,朋友是我们除父母之外最为亲近的人,他们会直言不讳地指出我们的缺点,偶尔也会让

我们感到难堪。但是，爱之深，责之切。就像父母小时候教育我们一样，偶尔对我们也会有拳脚相加的时候，但是那都是为了我们的成长。没有人会计较父母对我们的那些责骂，自然我们也不应该计较朋友的一片诚心，所以我们要宽以待人。

宽容可以让我们赢得人心，而得人心者得天下，我们的眼界也会随着交往的增多而更加开阔，事业也会随之而更加成功。

第四章　消除不良思想

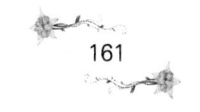

消除不良思想

我们的头脑里总会有许多不良的思想限制我们潜能的发挥，比如，自卑、懦弱，等等，在这些不良思想的影响下，我们总是把事情想得太坏，对自己感到失望，没有信心，等等。这些消极思想会使我们看不到希望，进而激发不出内在的动力，甚至会摧毁我们的信心，让我们生活在绝望和郁闷之中。

有人做了一个非常恰当的比喻，消极思想就像一剂慢性毒药，它会慢慢侵蚀我们的思想，让我们失去斗志，变得意志消沉，对生活失去希望，也会使成功离我们越来越远。

消极思想总会让我们想到最坏的一面，让我们不敢去面对困难，让我们的思想被紧紧囚禁，让我们体内巨大的能量没有办法发挥。我们还没有去做，在内心深处就会对我们自己说："这是行不通的"，"现在条件还不成熟"，"你根本不可能做到"等。于是在这些声音面前，我们失去了斗志，我们低头认输。

如果你想成功，就必须及时清除这些不良思想。因为，除了我们自己，没有人可以打败我们，所以，千万不能在困难面前慌了手脚，失去斗志。我们必须保持一种好的心态，这是潜能能否顺利发挥的关键所在。

如果我们常常抱乐观的态度，那么即使生活在黑暗中，也照样可以看见光明。

那么，我们如何才能克服这些不良思想，树立一种积极的心态呢？

（1）要相信没有什么是不可能的。只要你有坚定的信念，那么在生活中就会有更多的勇气，在面对困难时也更加从容。

（2）要让自己树立起一种健康的思想。遇到挫折，就把它当作对自己磨炼的一次机会，就算遭受失败了，也不要怀疑自己

第四章　消除不良思想

的能力。要告诉自己失败是通向成功的必然阶梯，只要自己找出失败的原因并及时加以纠正，就等于向成功迈进了一步。

（3）学会欣赏自己。这是要我们学会自信。一个人只有具有高度的自信，才不会轻易地在困难面前低下头去，他面对挫折时也更加勇敢，更加积极。自信对于我们走向成功是非常重要的，它让我们有更大的勇气去面对生活中的风风雨雨，也会让我们看到自己的长处，让我们更好地认识自己，正确地为自己进行定位。当然，这并不是让我们盲目自大，自大也是一种消极的思想，它会让我们脱离实际。

（4）克服颓废的思想。颓废是一种消极的状态，因为它可能让你永远消沉下去。它会让我们的精神萎靡，让我们失去斗志，让我们怀疑自己，它是扼杀生机的一种毒素。而我们只有清除掉这种毒素，生命才会生机盎然。如果摆脱了这种颓废的思想，我们就会成为一个积极向上的人，而我们的工作、事业也会向更加积极的方向转变。

（5）放弃鸡毛蒜皮的小事。生活中总会有些烦琐的事情，会牵扯我们的精力，让我们分心，让我们烦恼。对这些小事，该放下的就放下，让自己养成一种豁达的心态，这样在面对困难时也会更加乐观，而自己在生活中也会少一些烦恼。

消除嫉妒心理

从心理学的角度来说,嫉妒是由于别人胜过自己而引起抵触的消极的情绪体验。黑格尔曾说:"嫉妒是平庸的情调对于卓越才能的反感"。在我们的生活中,嫉妒是很常见的,比如,某同学比我学业优秀,容颜俊美,我感到很难过;某同事穿得比我好,家里比我家有钱,我感到不舒服;某朋友才华比我出众,我很不服气,等等。

虽然嫉妒心理比较普遍,但是嫉妒的程度是不一的,有浅有深,程度较浅的嫉妒,往往深藏于人的潜意识中,不易觉察。如自己与某同学是好朋友,他的学习成绩、能力等都

第四章　消除不良思想

较强，对自己的好朋友并不想加以攻击，但在内心总有一点酸楚。而程度较深的嫉妒，会自觉或不自觉地表现出来，如对能力超过自己的同学进行挑剔、造谣、诬陷等。

嫉妒对人有很大的危害，不仅对他人是一种伤害，对自己也是一种折磨。英国哲学家培根曾说："嫉妒这恶魔总是在暗暗地、悄悄地毁掉人间的好东西"。

首先，嫉妒心理影响身心健康。

嫉妒心强的人容易得身心疾病。由于他长期处于一种不良的心理状态中，情绪上总有压抑感，久而久之可能导致器官功能降低，产生不良的身心反应。因此又可引起忧愁、消沉、怀疑、痛苦、自卑等消极情绪。这样一来恶性循环，会严重损害身心健康。

其次，嫉妒心强影响学习。

嫉妒心强，直接影响人的情绪，而不良的情绪会大大降低学习的效率。另外，嫉妒心强可能使我们结交不到知心朋友。嫉妒心强的人往往事事好胜，常想方设法阻止别人的发展，总想压倒别人。这可能使同学们想躲开你，不愿与你交往。从而给自己造成一个不良的人际关系氛围，你会感到孤独、寂寞。

从嫉妒心对人的种种不良影响来看，嫉妒不可取。所以，如果你嫉妒心强，应加以改变，具体可以参考以下几种方法：

（1）正确认识自己。要知道，"山外有山，楼外有楼""强中自有强中手"，这是客观规律，世上万物的发展是不平衡的。

举例来说，已故著名作家鲁迅曾在北大任教，当时中文系主任是胡适，他是著名的理论家，专著一本接一本地出版。鲁迅在理论方面绝对不是胡适的对手，但鲁迅漂亮的杂文却是胡适所不能比的。从这个例子中我们可以看出，每个人都有自己较弱的一面，也都有别人所不能及的一面。何必拿自己的弱项与别人的强项比，徒增烦恼呢？

因此，我们应该全面地认识自己，既看到自己的长处，又正视自己的短处，扬长避短，发现并开拓自己的潜能，不断提高自己，开创新局面。

（2）培养豁达的人生态度。人生本是一个大舞台，一个人的心有多大，舞台就有多大，成就就会有多大。所以，我们一定要怀着一个豁达的心，做好适合自己的角色。人人各有归宿。要勇于承认有些人有比自己更高明更优秀的地方，

第四章　消除不良思想

努力向他们学习，奋发图强，把自我的这种好强个性转化为一种内在竞争机制——一种推动自己勇敢向前的力量，从而在社会中实现自己的价值。

（3）不断学习。俗话说，活到老，学到老。无论是谁，在什么时期，学习总是一件好事情。学会升华嫉妒心理，把它化为一种动力，每一时期给自己确定一个奋斗目标，并为此努力拼搏，在不断奋进中，不但你取得很大的进步，嫉妒心理也会烟消云散。

走自己的路，别和自己较劲

莫陷入自卑的泥沼

　　自卑是一种消极的心理，对我们自身的发展具有很大的危害性。因为它会让我们怀疑自己、否定自己，甚至抛弃自己，哪怕你有天大的本事也难以施展出来。然而，由于人的天性使然，我们每个人多多少少都会有自卑的情绪。因为人无完人，每个人身上都会有一些缺点，一些缺陷，这些不完美也就构成了我们自卑的根源。

　　但是，如果我们想要有一番作为，想要取得一定的成就，那么我们就必须走出自卑的泥沼。

　　要知道，自卑，就是给自己的心灵设限，就是成功路

第四章　消除不良思想

上的巨大绊脚石。但是，我们还要知道，我们是可以突破自卑，超越自己的，因为人的潜能是无限的，如果我们将自身的能量全部释放出来，那么所有的困难都会被我们踩在脚下。

人是这个世界的主宰。在这个世界上，能够有能力困住我们的只有我们自己，因为我们常常无法走出心灵的囚笼，就像一只美洲狮。美洲狮是世界上最有攻击力的动物，但是它们却非常害怕犬的叫声。有人认为，这可能是在它们的进化过程中，受到过类似的动物的袭击，所以造成心理上的恐惧。

其实，我们人类也是如此，甚至比美洲狮还要强大，因为美洲狮还有人类可以惧怕，而我们呢？能让我们惧怕的也只剩下内心的那种恐惧！

生活中，有很多人很自卑，他们总是觉得自己这不行，那不行，似乎没有优点，时间久了，出现了自卑状态，有不少人在交际场合中出现这种心理，既想接受别人，又怕被对方拒绝，既想在别人面前谈些自己的观点又怕别人耻笑，事先想好许多话，可一站在生人面前就全忘了，仿佛大脑一片空白，一句话也说不出。只好躲在不引人注目的角落，事后，之前准备的那些话却一一再现，而且思维也活跃起来。后悔刚才那么窝囊，这种心里缺乏自信的表现，是自卑感在

作怪。也有的因为自己习惯是这样，比如，有的人一向都很害怕应酬，甚至还这样说自己："唉，我天生就不是应酬的料。"其实，这些描述只不过一种自我轻视，自我挫败说法，没有一个人生下来就是擅长应酬，那些交际家都是自我奋斗的成功者，试想如果他们不勇于总结应酬经验的话，又如何被人们称为交际家呢。

朋友们，从现在开始把那些旧的自我标签统统撕下来，他们只能把你约束在一个狭小的天地里面，让你整日和寂寞相伴，你又何苦和它相依为命呢。然后赶紧换上新的标签，如，我能和别人相处得很好或善于应酬，真是一件很愉快的事情。

自卑是人类的一种感情，如果我们不能立刻将这种情感从我们的身上清除，那么是没有办法消除的，我们至少也应该学会控制它，把它限定在一定的范围之内，不要让它统治了我们的人生。那么，我们该如何控制这种情绪呢？

（1）从思想上肯定自己。要知道，在这个世界上没有人是完美无缺的，没有必要对自己的一些缺陷斤斤计较。当然，这并非让我们对缺点视而不见，不思进取，而是让我们以一颗理智的心去对待。有些缺陷是我们无法改变的，比如

第四章　消除不良思想

身体的残疾、自身的容貌、先天的缺陷等,对这些,我们要坦然地接受。对那些能够改正或弥补的缺陷,我们也要尽力去弥补,让自己一步步接近完美。

(2)培养自信。信心是治疗自卑的一剂良药。一个具有强烈自信心的人永远不会看轻自己。他们或许会有一些失落,却不会让不良思想成为生活的主色彩。他们在困境中有更好的生存能力,挫折不但不会将他们击垮,反而会激起他们内心的斗志,让他们变得更加坚强,更加勇敢。

(3)多结交一些朋友。自卑的人一般也往往容易自闭,将自己封闭起来,这样不但对自我发展造成障碍,也会对身心健康造成伤害。有时只要我们将不良情绪发泄出来,它们就不会对我们造成伤害,而朋友会是我们最好的倾诉对象。另外,朋友还会给我们一些安慰,或者一些解决问题的办法,让我们能够更好地处理问题。只要能够成为朋友,肯定就会有彼此相互欣赏的地方,而这些又会通过交谈、举止等信息传递出来,然后被我们捕捉,这些肯定的信息又会大大增强我们的自信心。

（4）经常参加一些体育锻炼。一个身体好的人，对疾病的抵抗能力就会增强；而一个思想坚强的人，对自卑的防御作用也就更强。凡是那些意志坚强的人，一般都喜欢从事一些冒险类的体育运动，恶劣的环境不但不能将他们击垮，反而会激发出他们的斗志。身体好的人与身体弱的人对周围环境的承受力也不同，身体健康的人，他的抗压力也就越强，在困难面前也就更加不容易失去信心。

相信你会从此改变你自己的，你或许并没有一个强健的身体，但它就是你的身体，不喜欢它意味着你没有把自己作为一个人来接受，不要为补偿身材和部分的缺点去浪费精力，这是不能改变的事实，应该去接受它，金无足赤，人无完人，在这个世界上，没有一样东西是完美的，很多人之所以很难成功，最大的原因就是患了完美主义的特殊疾病。这就可以理解为什么会有那么多看来相当精明干练的人，却一事无成，在人生道路上颠荡进退。

在生活工作中，我们要记住不要等到所有情况都完美以后才动手做，如果要等到万事俱备，就只能永远等下去了，对自己宽容些，不必要求绝对完美，才能常葆身心舒畅，其

第四章　消除不良思想

实每个人都有缺陷，你对缺陷想的越少，自我的感觉就越好，同时你也应该知道，人的美和魅力是综合的，那就是整体的美，内外合一的美，千万不要因为身上某个缺陷而影响我们的生活。生活应该是多方面的，你一定要始终相信，不论你是怎样一个人，是富或贫，是勇或懦，是聪明或愚蠢，是美或丑，总会有人喜欢你，也总会有人不喜欢你。因为没有一个人是人人都喜欢的。只要你接受自己，热爱自己，相信自己。

在造物主眼里，每个人生存就是一个奇迹，想要让这个奇迹得到别人的认可，最好的办法就是接受自己，喜欢自己。

所以，我们不要看轻自己，没有任何人可以将我们击倒。只要不让自卑在我们的内心扎根，那么我们的心灵世界里将永远都会是一片阳光。

当然，有些自卑也未尝不是一件好事，因为它可以让我们发现自身的不足，让我们更加脚踏实地。在这种情况下它是有利于我们自身发展的。比如，对于生活中的强者来说，自卑不但不会成为他们自身发展的障碍，还会成为他们前进路上的一种动力。维克多·格林尼亚是法国著名的化学家，他曾在1912年获得了诺贝尔化学奖。但他年轻时却曾深深地

陷入自卑中，但也正是他的自卑成就了他以后的辉煌。

总之，我们要正确控制和利用自卑这种情感，不要让它失去鼓舞自己奋斗的效应，也不要让它成为毒害自己的毒药。

第四章　消除不良思想

改变懦弱

我们生活在一个和平的年代，这并不代表生活中会少了风浪。虽然没有了战场上的硝烟弥漫，但是一场没有硝烟的战争却正在进行。当今社会的各种竞争的强烈程度，已经超过了历史上的任何一个时期。所以，我们千万不能对所遇到的各种困难掉以轻心。要想面对这一切，在生活中，我们就必须坚强。

从古至今，性格懦弱之人的归宿无一例外，都是以悲惨告终的，无论达官显贵，还是王侯将相，都不能逃脱这个下场。南唐后主李煜便是一个很好的例子。

李煜出身于帝王家，其父为李璟。尽管出身高贵，但是由于李煜生性懦弱，最后沦为亡国之君，被鸩酒毒死。

当时，宋太祖肆无忌惮地欺压南唐，他在荆南制造了几千艘战船，以谋江南。当时的镇海节度使林仁肇听说后，便上书李煜，请求带兵迎敌。他请求李煜给他数万精兵，出寿春，据正阳，利用那里积蓄多年的粮草以及当地人怀念旧国的优势，收复江土。起兵时，可以散布谣言说他举兵谋反，如此宋朝定无防备，便可攻其不备。

但李煜听后，却吓得脸色发白，说这是引火烧身之策，万万不可。于是错失了一次作战良机。

后来，沿江巡检点绛也前来献策，但也被李煜拒绝，使他失去了防御宋军南侵的另一次机会。

李煜为了保全自己，想了另一个办法，那就是向宋朝称臣纳贡，这样就免得他兴师动众，出兵征讨了。于是便给宋太祖写了一份上表。但是这一切并没有阻止宋太祖的野心。宋太祖不但没有答应，还将他前去上表的弟弟扣押在京城。

后来，李煜又听信谗言，诛杀了林仁肇，而这也正中了

第四章 消除不良思想

宋太祖的计策。因为宋太祖了解林仁肇的才能，知道他会成为自己攻取南唐的一大障碍，但自己又无能为力，于是便用了一个反间计。

宋太祖谋取江南之际，南唐中书舍人潘佑也多次向李煜上书，提出一系列的治国方针。李煜虽对其主张大加赞赏，但却从未付诸实施。结果，潘佑连上六道奏章，都如石沉大海，没有半点音讯。潘佑忍无可忍，又上一道奏书。在这篇奏书里，他言辞激烈，而且把矛头直指李煜。李煜见后大怒，此时又有朝臣一旁怂恿，李煜于是不分清红皂白，命人从速捉拿潘佑。结果害得潘佑含恨自尽。

林仁肇和潘佑不仅是当时不可多得的重臣，还是大江南北诸国敬畏的名人。李煜诛杀他们，不仅让自己少了两个栋梁之臣，而且也引起了各方的不满。

宋太祖闻听李煜的所作所为之后，心中暗喜，认为取南唐的时机已到。他便在京城给李煜修建一座宅院，召李煜乔迁，但李煜不受。

于是，宋太祖又想了一个办法，派人对李煜说，朝廷准

备修天下图经，惟独缺少江南的版图。李煜自然明白这是什么意思，居然派人把自己国家的版图给宋太祖送去。宋太祖掌握了江南的地形及人丁数目，便胸有成竹地派兵直取江南。这时李煜才知道大势已去。

当时朝中又有人建议组织赶死队，趁夜色出城，打宋军个措手不及，但生性懦弱的李煜还是没有同意。

最后，李煜被俘，成为宋朝的阶下囚，被封为"违命侯"。

一天，乌云密布，空中飘着细雨。囚禁李煜的宅第传出凄楚的歌声。这是侍妾们在为李煜祝寿，而她们吟唱的是李煜醮着血和泪铸就的一阕《虞美人》。

而就是这阕词，为李煜招来了杀身之祸。原来，宋太宗在李煜的周围设下了许多耳目。这阕词被躲在暗处的耳目记下，然后报入宫中。宋太宗一直都打算谋害李煜，正愁没有理由，于是就以此为借口，派人送去一壶酒，将李煜毒杀了。

就这样，南唐李后主不明不白地死去了。害死他的凶手，与其说是宋太祖，倒不如说是他自己。是他自己的懦

第四章 消除不良思想

弱,让自己亡了国。

其实,古往今来,懦弱者的结局几乎都是千篇一律,很少有善终者。懦弱的人总是不敢面对困难,总是逃避现实,他们没有勇气去和困难抗争,最后只能落得悲惨的下场。

生活中,无论你身份多么高贵,地位多么显赫,总是会遇到一些磨难。我们应该培养自己面对困难的勇气,不能一遇到挫折就实行"驼鸟政策",那样只会自欺欺人,不会对我们有任何帮助。

其实,如果我们可以多一些勇气,就会发现好多事情是可以解决的,只是我们总是不相信自己。击败我们的,往往不是挫折和困难,而是我们内心的怯懦和勇气。

也许你会说,我天生胆小,没关系,只要你希望自己可以摆脱怯懦之心,就一定可以,因为勇气也是可以培养的。如果你现在正缺少勇气的话,试试下面这些方法,或许会对你有所帮助。

(1)多参加一些体育锻炼。多参加一些冒险性的运动,可以锻炼我们的勇气,并且使我们在面对困难时可以更加从容的应对。尤其是一些具有冒险性的活动,如登山、跳伞等。研究表明,一个身体强壮的人在面对困难时比一个身

体虚弱的人更能承受压力。多参加一些冒险性的运动，可以锻炼我们的勇气，并且使我们在面对困难时可以更加从容的应对。许多冒险家，他们身上的那种勇气就是这样锻炼出来的，因此，在生活中，他们应付各种棘手的问题时，也就可以得心应手。

另外，多做运动它还可以磨炼我们的心志，使帮助我们在生活中可以增加一些生活的智慧。

（2）调整好自己的心态，建立自信。要想过上舒心的生活，我们就必须要有一个好的心态。信心是一个人的精神支柱，是产生勇气的源泉。如果一个人不相信自己，那么心志就会发生动摇。而怀疑和恐惧却是激发我们体内潜能的最大敌人。一个人的潜力是无限的，最关键的是要让自己迈出第一步。一旦你迈出了这一步，你会发现事实并没有你想象的那样困难。信心的建立可以通过一种心理暗示的方法，每当遇到困难，你应该告诉自己完全可以有能力将它解决；再就是多想一想自己的优点，这并非让你妄自尊大而闭目塞听，而是让我们消除对自己的那种负面想法，建立起积极的心态。当你的心中充满阳光的时候，勇气自然而然也就会产生了。

第四章　消除不良思想

（3）学会把困难分解。困难作为整体，可能真的很难解决。但如果把他们分割成小部分再去解决，可能就会好多了。当然，也许有些部分是我们无论如何都没有办法解决的。没有关系，因为当你把能解决的问题解决之后，你就会发现虽然有些部分自己还是无能为力，但是它在你面前却已经小多了。

总之，勇气是可以培养的，懦弱是可以克服的，只要你有意识的去培养让自己，努力去改正，那么终有一天，你会将它消灭懦弱，成为一个坚强勇敢的人。克服懦弱的性格，否则你只会成为生活的牺牲品。

消除颓废思想

颓废的意思是"意志消沉,精神萎靡"。这是一种消极的思想。从很大程度上讲,这是一种气质。

生活中,可能你遇到过这样的人,成天无精打采,精神萎靡不振,做起什么事来都会心不在焉。这就是因为他们怀着一种颓废的思想,所以,其行为也是如此颓废。这样的人无论在工作上还是学习上,都会有这种倦怠的情绪。

颓废思想对一个人的毒害很大,对年轻人来说更是如此。而这种现象恰恰在年轻人身上更加普遍。

一般来说,造成人颓废的原因是因为生活上遭遇了一些

第四章 消除不良思想

打击，让自己失去了生活的希望，所以就自暴自弃。或者是感到前途迷茫，让人们看不清未来的方向，不知道如何走下去，所以就自我放纵，自我堕落。

作为年轻人，刚刚步入社会，对现实的残酷性的认识还不是很深刻。一遇到挫折，便会对自己产生怀疑、动摇。颓废会让我们不思进取，会让我们的自信受到严重打击。不过，这种颓废一般也只是一时的。我们往往会从颓废中走出，重新振作起来。而一旦我们从中走出，思想也就会变得更加成熟，而自己也会更加充满激情。

那么，我们如何才能让自己摆脱这种颓废的思想呢？

实践证明，摆脱颓废的最好方法，就是让自己保持进取心。一个人如果形成不断自我激励、始终向着更高境界前进的习惯，那么就会消除心中不良思想的影响。通往成功的路总是充满艰辛，那些成功人士，没有一个不是克服了重重困难，才登上成功巅峰的。他们在经历了那么多的挫折和打击之后却没有消沉、没有颓废的原因，就是因为他们都有一种进取心，而这种进取心让他们克服了内心的种种障碍，让自己勇往直前，最终步入成功的殿堂。

作为一个划时代的伟人，拿破仑这个名字享誉世界，他

曾带领军队横扫欧洲，建立了法兰西帝国。

拿破仑小的时候，生活十分清苦。他的父亲曾是科西嘉的贵族，但后来因为家道败落而变得一贫如洗。尽管如此，他的父亲还是忘不了自己的贵族身份而孤高自傲，宁愿借钱也要把小拿破仑送到柏林的贵族学校以维持自己家门的尊严。但是，由于那里的孩子大都是有钱人家的子弟，在生活上都很奢侈，而拿破仑却破衣敝屣，生活十分拮据，经常遭到他们的嘲笑。

后来，拿破仑小小的心灵终于再也无法忍受那些嘲笑和伤害，于是他便给父亲写了一封信，信上说："因为贫穷，我受尽了同学们的嘲弄调侃，真不知道该如何对待那些妄自尊大的家伙。他们只比我多几个臭钱罢了，在思想道德上，他们远不及我。难道我要在这些纨绔子弟面前一直过着低声下气的生活吗？"

父亲的回信很简短，只有两句话："我们穷是穷，但是你非在那里继续读书不可。因为等你成功了，一切将会改变。"

在父亲的鼓励下，拿破仑在那所学校里一直待了五年。

第四章　消除不良思想

在这五年的时间里,他受尽了凌辱,但他却没有就此而消沉、颓废。每一次的嘲笑和奚落,都让他更长一份志气,他决心一定要成功,活出个样来给那些曾经嘲笑过他的人看看。

为了达到这一目标,他痛下苦功,充实自己,以使自己将来可以获得远在那些纨绔子弟以上的权势、财富和地位。

但是不久,他又受到了另一次打击。在他20岁的时候,他那孤傲的父亲去世了。家里只剩下他和母亲二人。而他当时也只是一名少尉,那点可怜的工资仅够维持他们母子两人的生活。

拿破仑的个子比较矮小,而且由于家境贫穷,在军队中也是处处受人轻视。上司不愿提拔他,同事瞧不起他,所以有什么娱乐活动他也都被冷落在一边。没人理他,他也没有放弃自己的追求,他把自己的全部精力都放在书本上,希望自己可以用知识和他们一争高下。书对他来说就像生命一样重要,而他也从书中汲取了各种各样的知识。

就这样,他在孤寂、闷热和严寒中苦学了多年。这些经

历也使他有了一种别人难以企及的野心。

在他还是一名普普通通的军官的时候，他便把自己当成是在前线指挥作战的总司令。把科西嘉当作双方的必争之地，并用极其精确的数学方法画了一张当地最详细的地图，标出如何进攻及防守。通过这种练习，大大提高了他的军事能力。

后来，他的学识得到了上级的认可，他一步步得到了提升和重用，最后，他终于成为法兰西的最高统治者，再也没有人敢瞧不起他了。

没错，我们无法成为拿破仑，因为拿破仑只有一个，但是拿破仑的精神却值得我们每一个人学习。平静的湖面，永远不会练出出色的水手。如果我们在困难面前只会逃避、拖延，那么再伟大的雄心也会受到伤害，甚至退化，直到消失得无影无踪。

在我们的人生之中，无论遇到什么样的环境，什么样的困难，我们都不应该对自己失去信心而让自己陷入颓废。我们要像拿破仑一样，面对困境，拿出我们的坚强和勇气。我们应该调整好自己的心态，把艰苦的环境当作一次磨炼自己

第四章　消除不良思想

的机会。

　　所以，我们一定要及时消除心中出现的颓废思想，只有这样，我们的身心才会得到健康的发展，才能有希望迎来一个成功的人生。

建立自信

戴高乐将军说过:"眼睛所看到的地方,就是你会到达的地方,惟有伟大的人才能成就伟大的事。他们之所以伟大,就是因为决心要做出伟大的事。"

自信是一种很重要的心理素质,也是一切成功人士所必不可少的心理素质。

在我们的生活中,失败总是难免的,如果我们害怕失败,那将一事无成。

经济学家张其金说:"对于我们每个人来说,在我们生活中,我们最大的不幸就是在失败之后从此就一蹶不振,其

第四章　消除不良思想

实失败并不可败,毕竟每个人都失败过,只要我们在失败的时候敢于面对,我们就能成为强者,我们就能从我们跌倒地方勇敢地爬起来。如果我们的生活中没有失败,我们就什么也学不到,我们就只能在顺风顺水中度过一生,这样的人生是没有什么意义的。"

所以说,失败了末必是坏事,失败会激励我们去成功,失败并不可怕,重要我们成够正视他,这样我们才能走向成功,如果自我设限安于现状,是无法突破的。相信自己的能力,自信就像人生道路上携带的一根鞭子,不停地鞭策自己,攻克难关,登上新的高度。

有一位名牌大学毕业的学生,被分配到一个经济效益不好的企业工作,后来又下岗了,他悲观失望,丧失了自信,感到自己没有前途,什么都不行,最后连与人谈话的勇气都丧失殆尽,后来他进行了多次心理咨询,咨询师对他的能力做了充分的肯定,并从正面进行引导,鼓励指出他该如何重新在社会上找工作,如何勇敢地表现自己,培养自信心,施展自己的才华,这个青年的自信被唤起,精神状态发生了变化,并决意报考研究生,从此他的人生发生巨大变化。由此可见,自信能改变人生,改甚至可以变一个人的命运。

信心是一个人的精神支柱，一个具有强烈自信心的人在生活中也就更加勇敢，更有勇气去面对生活中的风风雨雨。信心会激发出他们内心的能量，会支撑着他们克服遇到的一切困难。

信心是我们人生的塑造者。记得有一位哲人说过："一个人想成为什么，他就会成为什么。"我们人生的蓝图事先就是在我们的头脑中构造好的，而推动我们将其变为现实的就是信心。

没有信心的人在精神上是软弱的，一遇到困难就会放弃，就会躲避。而所有到达成功巅峰的人，没有一个是缺乏信心的。信心让他们勇往直前，信心让他们披荆斩棘。就像列宁说的那样："自信是走向成功的第一步。"

日本的小泽征尔是世界级的音乐指挥家，世界上许多著名的歌剧院都曾多次邀他加盟执棒。他之所以能够成为世界级的指挥家，与他强烈的自信心是分不开的。

当时，他去欧洲参加音乐指挥家大赛，顺利地进入到决赛。在决赛中，他被安排到了最后一位。评委给了他一份乐谱，他稍做准备之后，便全神贯注地指挥起来。突然，他发现乐曲中出现了一点儿不和谐。开始他以为是演奏弄错了，

第四章　消除不良思想

便让乐队停了下来，但是重新演奏之后仍然存在不和谐。他认为一定是乐谱出了问题，但在场的所有作曲家及评委会的权威人士都认为乐谱没有问题。当时在场的国际权威音乐人士有几百位，他也难免对自己的判断力产生了怀疑，但是凭自己的经验，他还是认为是乐谱出了问题。最终，他还是斩钉截铁地大声说："不！一定是乐谱错了。"他的声音刚落，评委席上便传来阵阵掌声，祝贺他大赛夺魁。

原来，这是评委们精心设计的一个圈套，以此来考验一个人的判断力。当时进入决赛的有三名选手，但只有小泽征尔坚信自己的判断，而没有随声附和权威们的意见，而这才是一个真正的世界级的音乐家所应具有的素质。

一个人只有具有坚定的信心才能坚持自己的主见，才不会人云亦云，才能进行突破性的创造。只要你坚信是正确的，就算全世界的人都出来反对，你也不会屈服；在所有的人都倒下去的时候，你依然顽强地站立，也总是能取得骄人的成绩。但是，如果一个人失去了信心，也就失去了对生活的热情和趣味，也没有了探索拼搏的勇气和力量，更谈不上成功了。

有一个叫林德曼的德国精神病专家，他是第一个横渡大西洋的人。当时，他一个人驾着一叶小舟驶过了波涛汹涌的大西洋。在他之前，曾经有一百多位勇士进行过类似的冒险，但最后都没有成功，他们都葬身在茫茫的大西洋里。很多人都感到疑惑，为什么他这样一个柔弱的医生却能够成功呢？答案其实很简单，就是因为他有强烈的信心。他在信心的支撑下，终于挑战了极限，创造了奇迹。

林德曼博士一直都相信，一个人只要对自己抱有信心，精神就不会崩溃。那些进行这项挑战的人之所以没有成功并不是因为他们的肉体承受不了，而是他们的精神陷入了崩溃，于是他们便在恐怖和绝望中死去。

只要一个人的精神没有垮掉，他就可以创造出奇迹。为此，他准备用自己来做这个实验。当然，他知道如果失败意味着他将付出生命的代价。但是他还是不顾亲友们的反对，亲自进行了这项实验。

1900年7月，林德曼博士驾着他的小船出发了。路途中遇到的困难是难以想象的，好多次，他都与死神擦肩而过。他

第四章　消除不良思想

也曾陷入绝望之中，眼前甚至出现了幻觉，运动感也处于麻木状态。但是每当这样的时候，他总会鼓励自己，因为他知道如果自己失去信心，就会重蹈前人的覆辙，葬身于茫茫的大洋之中。就这样，在信心的支撑下，他从鬼门关一次次地逃了出来。最后，他终于成功了。

事后，有人问他这次探险给他的最大体会是什么，他说："我从内心深处相信一定会成功，这个信念在艰难中与我融为一体，充满我身体的每一个细胞。"

可见，这就是信心的力量，因为它，我们人类才可以创造出一个又一个奇迹。

当然，并不是人人都有自信心，有些人，天生就有很强的自信心，而有的人却自信心不足，但是没关系，因为人的自信是可以通过后天培养出来的。

有一个人，曾当过七年的深海潜水员。有人问他潜到水下200英尺深时是否会有恐惧，他说没有，因为他受过紧急情况的训练。可见，训练已经把他的恐惧感消磨掉了，并使他对自己的安全产生了强烈的自信。所以，通过培养和锻炼，我们也可以让自己建立起自信心。

中国有句俗话叫作"初生牛犊不怕虎",用来形容年轻人的那种自信。

的确,一个人越年轻,遇到的挫折也就越少,也就越不知道什么叫害怕,就像许多小孩子,他们可以毫无畏惧地站在一屋子陌生人的面前,因为他们还没有学会畏惧。就是这种勇气,反而会让他们创造出许多的奇迹。所以,也就有了"后生可畏"这句话。那么,怎样建立信心呢?

(1)培养自信最简单也是最为有效的办法就是给自己制订一些小目标。这是培养自信最简单,也是最为有效的办法之一。这些目标要与我们的人生大目标紧密相连,是大目标分解后的产物,而且比较容易实现。每当我们实现了一个小目标,就会产生一种成就感,而这也会让我们离大目标更近了一步。而我们的自信心也会在这一个个小目标的实现中得到增强,人们常说的"一事成功万事成"也就是这个道理。

(2)忽略困难。对成功过程中可能形成障碍的事物最好不予理会,忽略它的存在。有时,一定的盲目也是有好处的,它可以让我们对困难视而不见而不再去躲避,而当我们真的遇到困难的时候,我们内心的勇气和潜藏的能力就会被激发出来。因为当人类真正面对困难时,困难就不再是困难

第四章　消除不良思想

了，真正的困难只存在于我们的头脑之中，是我们没有勇气去面对的东西。只要你有勇气去面对，那么一切将不在话下。

（3）运用心理暗示的作用。心理暗示的作用是不可小觑的。所谓的心理暗示，也就是运用我们的潜意识激励自己。潜意识是不分真伪的，你怎样发出，它便怎样接收。你认为自己是最优秀的，并不断发出这样的信息，那么它便也会将其接收，并在你的大脑中储存起来，并用来指导你的行为。

（4）从亲朋好友那里获得忠告。当自己处于迷茫的状态时，可以寻去找那些对自己了若指掌的朋友，或家人，让他们给我们一些忠告，弄清产生自卑的根源，只有明白了症结所在，才能对症下药。另外，还可以让他们分析一下我们自身的优劣势，这样也可以让我们在行动中减少一些盲目性。

总之，随着我们自己主观上的不断努力，我们的自信心就会逐渐培养起来。然后，我们就可以自信满满地面对未来，为自己的人生打造出更多的辉煌和精彩。

第五章 探索心理世界

第五章　探索心理世界

培养快乐的积极心态

快乐是什么？

快乐是一种感觉，不同的人有不同的快乐。如果一个人能够做到顺其自然，率性而为地生活，那么，快乐就会不期而至，他就会感受到身心的愉悦，这就是一种快乐，情绪的欢畅也是一种快乐。

德国哲学家尼采曾说："生活的意义，便是把人生中各种遭遇化为火光。"这就是说，无论我们身处什么样的环境，我们都要认识到，即使我们突然遭遇到了灾难或挫折，不妨把它看成一场雷雨交加的狂风暴雨，哪怕当时感到惊慌

无措，痛苦难当，但也不能失去对生活的希望。

根据一项研究发现，尽管每个人的生活背景及成长环境不同，但是，人人都可以获得属于自己的快乐，只是我们每个人享受快乐的方法不同而已。

《百年孤寂》一书作者马尔克斯曾说："快乐虽是目前已不风行的情感，我要尝试把快乐重新推动起来，使之风行，成为人类的一个典范。"

那么，我们怎样才能做到这一点呢？

有一个百万富翁，每天在上午11点的时候，他的司机就会驾驶着一辆豪华轿车，载着他，穿过纽约市的中心去公司上班。但是，坐在车里的百万富翁注意到：每天上午都有位衣着破烂的人坐在公园的凳子上死死盯着他住的旅馆。百万富翁对此产生了极大的兴趣，他要求司机停下车并径直走到那人的面前说："请原谅，我真不明白你为什么每天上午都盯着我住的旅馆看。"

这个人回答道："先生，我没钱，没家，没住宅，我只得睡在这长凳上。不过，每天晚上我都梦到住进了那所旅馆。"

第五章 探索心理世界

百万富翁灵机一动，扬扬得意地说："今晚你一定梦想成真。我将为你在旅馆租一间最好的房间并付一个月房费。"

几天后，百万富翁路过这个人的房间，想打听一下他是否对此感到满意。然而，出乎他的意料，那个人已经搬出了旅馆，重新回到公园的凳子上。

当百万富翁问那个人为什么要这样做时，他答道："一旦我睡在凳子上，我就梦见我睡在那所豪华的旅馆，真是妙不可言；一旦我睡在旅馆里，我就梦见我又回到了硬邦邦的凳子上，这梦真是可怕极了，以致完全影响了我的睡眠。"

快乐是种心境，只有自己才是一切快乐的源泉，每个人若能有这样的认知，就愈能使自己幸福。其他所有的幸福，本质上都是不确定和不稳定的，只有我们在人生的每个阶段都能不断地努力拼搏，我们才能感受到自己是唯一能够发掘幸福源泉的人。从这个角度来看，不管我们做什么事，都要把追求快乐的心摆在最前面，这样我们才能活得快乐。

然而，人类历史发展到现在，我们对物质生活的重视远远超过对自身精神和社会哲学的重视，导致了一些社会问题日益严重。德国哲学家黑格尔曾说："生活中的我们必须重

视精神因素的作用，否则会受到应有的处罚。"

我们究竟如何才能得到快乐的生活，愉快地度过自己的一生呢？

其实，一个人要想获得真正的快乐是很简单的，但是我们生活的快乐不是面笑心苦，那不是快乐，强作欢颜也不是快乐，而且，我们说的快乐地生活并不是说我们的一生时时刻刻都在快乐，我们的生活中同样会存在着痛苦与烦恼，尤其是在面对一些困境的时候，也有心里的阴云，只是经过短暂的积淀之后，我们立刻变得乐观积极起来。这样，我们仍然能够从生活中得到快乐，并以它的力量来克服一切。

但是，想要得到快乐没有我们想象中那么容易，因为获得真正快乐的人生并不是因为几个幽默的故事、几句哲理名言就心想事成了。更多的时候，需要我们有一个愉快的心境。因为快乐与否，主要取决于心，只有我们心中觉得快乐，我们才是真正快乐的。

一个快乐的人，身边总是不乏家人和朋友，不缺少欢声笑语，他们不关心自己是否能跟得上富有的邻居的脚步。最重要的是，他们有一颗宽恕的心。正如《真正的快乐》的作者塞利格曼所说："快乐的人很少感到孤单。他们追求个

第五章 探索心理世界

人成长和与别人建立亲密关系；他们以自己的标准来衡量自己，从来不管别人做什么或拥有什么。"

此外，利诺斯州大学的心理学家爱德·迪恩纳也曾说："对于快乐来说，物质主义是一种毒品。"

的确如此，在这世界上，即使是那些富有的物质主义者，也不及那些不关心挣了多少、花了多少的人高兴。快乐的人以家人、朋友为中心，而那些不快乐的人在生活中，时不时地冷落了这些东西，在这个时候，他们就会备感孤单。

走自己的路，别和自己较劲

顺其自然

每个人都想获得快乐，但是快乐不是说来就来的，也不是可以预测的。快乐其实是一种捉摸不透的东西，很多时候，当你追求快乐时，它无影无踪，而你忽视它时，它却不期而至。其实，快乐是因为你做了快乐的事情，当你把某一件事情做好了，你对自己的行为感到满意，你就会快乐。

生活中，我们很多人都非常重视快乐的感受，但是我们却不知道要活得快乐，需要去做快乐的事情，不去行动，只去思考和感受是不会快乐的。我们总是靠想象去获得快乐，需知，好的感觉并不像我们想的那样只存在于头脑中，它必

第五章　探索心理世界

须要表现在行为上。通常当人们去参加一些非常有趣的活动，达到忘我的程度时，生活满足感就会出现，因为这时他们已经忘记了时间，也忘记了一切忧愁。心理学家彻斯把这一现象称为"顺其自然"。

在彻斯看来，在生命的整个过程中，人们也许要处理棘手的事件，也许要做脑部手术、也许是要玩乐器或者是在和孩子一起解决难题，而其中的影响都是一样的：生命中许多活动的流程就是在生命中获得一种身心的满足。所以，要想实现自己所想，你不必加快脚步，也不必焦急期盼，更不必期望早日到达终点，一切只需顺其自然就可以。

在我们的生活中，失败总是难免的。如果害怕失败，那你将一事无成。英国小说家、人物传记作家柯鲁德·史密斯曾经这样说："对于我们来说，最大的荣幸就是每个人都失败过，而且每当我们跌倒时都能爬起来。"

张其金在创业过程中遇到过许多困难，他的人生也有低谷，但是每当面对困难和挫折的时候，他总能鼓起不甘失败的信心，去寻找一条出路，让自己得到重生。在他心里时刻都记着一句格言——"穷则变，变则通"。每当想起这句话，他的唇边不禁浮起了一丝苦涩的微笑，然后对自己说，

"对的,我要如这条哲理所言,在变通的情形下,走出困境!"从此刻开始,张其金暗下决心。在他看来,人生做事,不可能一帆风顺。

张其金曾说:"在我们的成长过程中,常常会面临诸如学习、生活、升学等一系列的问题,这就需要我们拿出勇气,不怕困难,知难而进,勇于迎接困难的挑战。知难而进、自强不息的精神,不仅铸造了五千年悠久的中华文明,而且激励着中华儿女向着更美好的未来而披荆斩棘,勇往直前。"

困难是客观存在的。人生总会遇到种种曲折和坎坷,如事业的挫折、生活的艰辛、失足的懊悔,还有嫉妒和压抑等等。在人生的旅程中,没有困难的"世外桃源"是不存在的。任何成功都是战胜困难而取得的,要想不经过艰难困苦,不付出极大努力,轻而易举取得成功,无异于痴人说梦。

当然,困难也有两重性。虽然逆境和挫折能够使强者更加奋发努力,顽强不屈,获得成功。所谓"艰难困苦,玉汝于成",只有在逆境中不气馁、敢于拼搏、奋勇前进的人,才能开辟出通往胜利的道路。但是,它们也可能使懦弱者陷于怨恨、消沉和灰心的情绪中而不能自拔,甚至完全屈服逆境。

第五章 探索心理世界

那么，我们要如何才能真正做到知难而进，战胜各种挫折干扰，最终取得成功呢？

首先，要敢于直面人生，找出困难所在，如是主观原因造成的，就应该认真分析是能力不够还是不细心；若是客观原因导致的困难，那就放下包袱，总结教训，化不利因素为有利因素，积极化解困难。

其次，自强不息，敢于和困难作斗争。博览古今中外成功人士的经历，不难看出这样一个规律，一帆风顺而又大有成就的人实在罕见，真正出类拔萃的，往往是那些历尽艰辛、坎坷、曲折的人，正所谓"梅花香自苦寒来，宝剑锋从磨砺出"。

换言之，也就是说你必须懂得知难而进，持之以恒，不断地奋发进取，才能凌驾于庸人之上，才能成就你非凡的事业，达到古人所说的齐家治国平天下。当然我们所说的这种最终的成就是建立在人本身的自身学识与修养的基础上。

下面，我们就来谈一下知难而进的集中思想动力以及"知难而进"在人的一生当中所无法估量的作用。

纵观中国五千年历史长河，哪位有成就的伟人不具有这种披荆斩棘更进一层的英雄气魄和浩气长存的大无畏精

神？从孟子身上，我们就可以鲜明地看到这些。继春秋时代之后，在战国时代在这个关系复杂，列强争霸，征战不休的历史混乱时期，各诸侯国，他们想到的只是扩张实力，功伐邻国扩张地盘，以此来达到称雄于诸侯，称霸于天下的最终目的。在孟子所处的时代，各个诸侯国为了达到这一目的，都在积极地扩张着自己的势力，招贤纳士。王道，师道，仁政，爱民，都是儒家一成不变的中心主旨。本着这样一个原则，孟夫子也开始游说各国，以期能以他的仁政来辅助诸侯建立起一个强大的国家。

在那个时代，各个侵略功伐成性的诸侯国，都希望一夜之间让自己的国家变成最强大的王国，继而统一天下，并不是真的为了黎民百姓，国泰民安而争霸。实际上，在那个时候，思虑忧愁的国君并不存在。这也就是孟子仁政爱民之学终不为其用的直接且根本的原因了。

我们可以试着想一下，以孟子渊博的学识，他不会看不清当时的时势，也不可能参悟不出各个诸侯国之间的利害关系，即使有这种可能，那么这种可能性也是十分微小的。那为什么孟子却始终如一，坚持着自己的意见与学说去劝说呢？这同样也是后世的庸人所难以理解与领悟的。

第五章 探索心理世界

其实，这正是急功近利与眼光长远，放眼未来的对比，也是苏秦之所以身负六国相印而孟子终不为其所用的根本对比。在一定程度上来说，仁政爱民也是一种自下而上的爱民政策，是巩固统治者基础的必要条件。正像后世的唐太宗参悟出的"君为舟，民为水，水能载舟，亦能覆舟"这样一句至理名言。这种处处为民着想的仁政才能称得上真正的"爱民如子"的君主所为。孟子正因为先人一步领悟到了这一点才不屈不挠，不惜为自己所学之识终身不为所用的利害坚持给各诸侯君主灌输这种思想。也正是圣人之所以能够成为圣人的重要原因，这种知难而进、坚韧不拔的意志与毅力，影响着后世几千年的君主的统治政策。以至于今世的领导者也提出了"以德治国"的伟大口号。

正是这种"先天下之忧而忧，后天下之乐而乐"的坚强信念促成了孟子的知难而进的气魄！也正是这种知难而进的精神，迈出了他被后世之人称之为圣人的伟大的一步！

同样，在三国时代也有一段关于知难而进这种精神的可歌可泣的历史史实。那就是诸葛亮伐魏六出祁山。诸葛亮从白帝城先帝托孤以来，兢兢业业扶持蜀后主治理国家，但却始终不忘伐魏以进驻中原，以承先帝之未完成的大业。这一

点从他的《前出师表》中可以清楚地看出，欲报先帝之知遇之恩，宁可粉身碎骨以相报，是臣子对君主的忠心。而我们从《后出师表》中隐约可以看出一种已经不可不为的无奈，也可以清楚地领略到诸葛亮此时的知其不可为而为之的心理状态。想诸葛亮未出师于隆中时便有能定分三国鼎立的智慧，怎能不知道强大的魏国并非蜀国所能功伐的，更何况，魏国朝政井然有序，不曾出现混乱，更不会再有政变，也无内忧外患。在这样一个政治稳定、无懈可击的时期，诸葛亮肯定知道不应该起兵伐魏，而且在这一点上，他要比其他人有着更为清楚透彻的认识。为什么这么说呢？

我们仔细地分析一下就不难找出原因：

第一，诸葛亮担心魏主继位后，若魏国进一步得到巩固的话，他就会更加失去伐魏的时机，那样他的统一大业更是难上加难。

第二，先帝的托孤遗愿，是诸葛亮作为尽忠的臣子，不可遗力而不全尽的。

由此也就促成了他为了不失时机，为了报先帝恩的知难而进，不屈不挠的英勇气概，正是这种知难而进与报知遇之恩的力量推动了他六出祁山，最终星坠五丈原，身死军营。

第五章 探索心理世界

这种知难而进的勇气也挥洒之现今，让那些有志之士，为之叹服，且为之效仿。

由以上种种我们不难看出"知难而进"是每一位有所成就，有所创业，有所功绩的人的共同的精神与气魄，它融合在这些伟人的血液中，让他们在关键的时刻能够爆发并喷射出无以比拟的巨大力量，推动他们勇往直前，克服困难，达成所愿。

快乐背后的心理世界

现代人为什么经常不快乐？幸福的奥秘是什么？怎样保持生命的最佳状态？怎样走进一个洋溢积极的精神、充满乐观的希望和散发着春天活力的心灵世界？等等，这些是许许多多现代人内心深处特别想问的问题。

美国最杰出的推销专家克莱门特·斯通曾经说过："你对自己的态度，可以决定你的快乐与悲哀。如果你把自己看成弱者、失败者，你将郁郁寡欢，你的人生也不会有太大的作为；如果你把自己看成强者，成功者，你将快乐无比。"克莱门特·斯通在讲述该如何乐观地生活时，讲了下面这个

第五章　探索心理世界

故事：

有一次，听说有一个乐观者，于是我去拜访他。他非常热情地接待了我，而且还乐呵呵地请我坐下，笑嘻嘻地听我的每一个提问。

"假如你一个朋友也没有，你还会高兴吗？"我问。

"当然，我会高兴地想，幸亏我没有的是朋友，而不是我自己。"

"假如你正行走间，突然掉进一个泥坑，出来后你成了一个脏兮兮的泥人，你还会高兴吗？"

"当然，我会高兴地想，幸亏掉进的是一个泥坑，而不是无底洞。"

"假如你被人莫名其妙地打了一顿，你还会高兴吗？"

"当然，我会高兴地想，幸亏我只是被打了一顿，而没有被他们杀害。"

"假如你在拔牙时，医生错拔了你的好牙而留下了患牙，你还高兴吗？"

"当然，我会高兴地想，幸亏他错拔了只是一颗牙，而

不是我的内脏。"

"假如你正在瞌睡,忽然来了一个人,在你面前用极难听的嗓门唱歌,你还高兴吗?"

"当然,我会高兴地想,幸亏在这里嚎叫着的是一个人,而不是一匹狼。"

"假如你的妻子背叛了你,你还会高兴吗?"

"当然,我会高兴地想,幸亏她背叛的只是我,而不是国家。"

"假如你马上就要失去生命,你还会高兴吗?"

"当然,我会高兴地想,我终于高高兴兴地走完了人生之路,让我随着死神,高高兴兴地去参加另一个宴会吧。"

从这个故事中我们可以看出,对于乐观者来说,生活中根本没有什么事情是能够令人痛苦的,他们的生活永远是快乐的。这正如先知纪伯伦说:"在你所欢笑的世界里,往往充满了你的眼泪。悲伤在你心里刻划得愈深,你就能包容更多的快乐,你快乐的时候,好好深察你的内心吧!你就会发现曾经令你悲伤的,也就是曾经令你快乐的因素,其实令你哭泣的,也就是曾经给你快乐的。"

第五章 探索心理世界

因此我们说，只要你用心，你就会在生活中发现和找到快乐，让自己从此也变得幸福和快乐起来。而痛苦往往是因为我们庸人自扰，所以它才不请自来，而快乐和幸福往往需要人们去发现，去寻找，而不是被动地等待，那样只会收获不幸。

快乐的人都会说自己是可以快乐的，只要我们希望自己快乐，我们就一定能够快乐。那么，我们如何才能找到自己的快乐呢？

对于一个心态积极的人来说，做到这一点其实并不难，只要我们认识到悲伤和快乐是密不可分的，悲伤和欢乐也常常是一起到的。不管我们现在拥有快乐比较多，还是拥有悲伤比较多，我们都要明白，其实快乐与悲伤往往就是一线之隔，只是看我们自己如何选择而已。

美国著名心理学家赛利格曼在担任美国心理学会主席数月后的一天，与五岁的女儿在园子里播种。他的女儿叫尼奇。赛利格曼虽然写了大量有关儿童的著作，但实际生活中与孩子的关系并不算太亲密，他平时很忙，有许多工作要完成，其实即使在这陪女儿一起种地，他也只想着能快一点干完就好了。可是女儿尼奇却一直手舞足蹈，看起来她非常高

兴,而且还时不时地将种子抛向天空。

赛利格曼叫她别乱来。女儿却跑过来对他说:"爸爸,我能与你谈谈吗?"

"当然。"他回答说。

"爸爸,你还记得我五岁生日吗?我从三岁到五岁一直都在抱怨,每天都要说这个不好那个不好,当我长到五岁时,我决定不再抱怨了,这是我从来没做过的最困难的决定。如果我不抱怨了,你可以不再那样经常郁闷吗?"

听了女儿的话,赛利格曼产生了一种闪电般的震动,仿佛出现了神灵的启示。他太了解尼奇的成长过程了,也太了解自己和自己的职业。他突然认识到,是尼奇自己矫正了自己的抱怨。培养尼奇意味着看到她心灵深处的潜能,发扬尼奇的优秀品质,培养她的力量。培养孩子不是盯着他身上的短处,而是认识并塑造他身上的最强,即他拥有的最美好的东西,将这些最优秀的品质转变成促进他们幸福生活的动力。

这一天彻底改变了赛利格曼以后的生活。他过去的50年一直都在阴暗的气氛中生活,心灵中有许多不高兴不快乐的

第五章 探索心理世界

因素干扰着他，但是从那天开始，他决定让心灵充满阳光，也开始对未来充满希望和憧憬，他决定让积极的情绪来主导自己的心灵。

由此，赛利格曼将这种关心人的优秀品质和美好心灵的心理学称为积极心理学。

我们生活在这个世界上，都是为了追求自己的幸福和快乐。我们只要过好属于我们的每一天，用心感受生活中的一点一滴，从每一件平常的小事中寻求快乐，我们的生活就一定能更加充实快乐。

也就是说，一个人快乐与否，这个过程是怎样的，往往取决于我们的心境是什么样的。我们不能否认，每个人都有自己的情绪波动，但只要遇事学会冷静处理，摆正自己的心态，让自己总往乐观的一面去想去做，就会带给我们积极而有成效的结果。

快乐是我们自己心境的选择，当我们勇于选择快乐时，悲伤就会自动地远离我们。但令人困惑的是，很多人都选择了不幸、沮丧和愤怒，他们并没有选择快乐，在他们看来，快乐并不是在我们获得我们需要的东西之后发生的事情，而通常是在我们选择快乐之后我们会获得的东西。

总之，我们要成功，要活得快乐，过得幸福，我们就要无惧地面对生命带给我们的考验，接受大自然法则，勇于搜寻和发问，在我们灵魂中保持宁静和信心。

第五章　探索心理世界

克服浮躁心理

　　人不能心浮气躁，静不下心来做事，将一事无所。荀况在《劝学》中说："蚯蚓没有锐利的爪牙、强壮的筋骨，却能够吃到地面上的黄土，往下能喝到地底的黄泉水，原因是它用心专一。螃蟹有六只脚和两个大钳子，它不靠蛇鳝的洞穴，就没有寄居的地方，原因就在于它浮躁而不专心。"

　　在我们的生活中，有一种人因为轻浮、急躁，对什么事都深入不进去，只知其一，不究其二，往往会给工作、事业带来损失。所以，浮躁的心态是要不得的，它是我们幸福生活和获取成功路上的毒瘤，必须剔除。在追求成功的道路

上，容不得浮躁心态。"三天打鱼，两天晒网。""当一天和尚撞一天钟。""浅尝辄止"等等都是浮躁的表现。我们要去除浮躁，要踏实、谦虚，戒躁是要求我们遇事沉着、冷静，多分析多思考，然后再行动，不要这山看着那山高，做什么事都不能做彻底，最后毫无所获。因为成功往往不会一蹴而就，而是饱含着奋斗者的汗水和心血，苦尽才能甘来。

有一座禅院住着老和尚和小和尚师徒两个人。

在炎热的三伏天，禅院的草地枯黄了一大片。"快撒些草籽吧，好难看呀！"徒弟说。"等天凉了，"老和尚挥挥手，"随时"。

中秋到了，老和尚买了一大包草籽，叫小和尚去播种。秋风突起，草籽四处飘舞，"不好，许多草籽被吹飞了。"徒弟喊。"没关系，吹去者多半中空，落下来也不会发芽，"老和尚说，"随性"。

刚撒完草籽，几只小鸟就来啄食，"草籽被鸟吃了。"徒弟又急了。"没关系，草籽本来就多准备了，吃不完，"老和尚继续翻着经书，"随遇"。

恰巧半夜一场大雨，小和尚冲进禅房："这下完了，草

第五章 探索心理世界

籽被冲走了。""冲到哪儿,就在哪儿发芽,"老和尚正在打坐,眼皮抬都没抬,"随缘"。

不久,光秃秃的禅院长出青草,就连一些未播种的院角也泛出绿意,望着禅院每个角落泛出的绿意,徒弟高兴得直拍手。老和尚站在禅房前,微笑着点点头,"随喜"。

故事中徒弟的心态是浮躁的,常常为事物的表面所左右,而师傅的平常心看似随意,其实却是洞察了世间玄机后的豁然开朗。

在这个千变万化的世界中,人人都可能有过浮躁的心态,这也许只是一个念头而已。一念之后,人们还是该做什么就做什么,不会迷失了方向。然而,当浮躁使人失去对自我的准确定位,使人随波逐流、盲目行动时,就会对家人、朋友甚至社会带来一定的危害。这种心浮气躁、焦躁不安的情绪状态,往往是各种心理疾病的根源,是成功、幸福和快乐的绊脚石,是人生的大敌。无论是做企业还是做人都不可浮躁,如果一个企业浮躁,往往会导致无节制地扩展或盲目发展,最终会失败;如果一个人浮躁,容易变得焦虑不安或急功近利,最终迷失自我。

有一位年轻人,他对大学毕业之后何去何从感到彷徨,

因为他没有考上研究生，不知道自己未来的发展；他的女朋友将去一个人才云集的大公司，很可能会移情别恋……别的同学都主动去联系工作单位，而他成天借酒消愁，无论做什么都充满浮躁、提不起来精神，天天混在宿舍里，无动于衷，甚至天天梦想着时来运转。他还经常和同学争吵，从没有耐心地做好一件事，最后他的同学几乎都找到了自己的工作归属，而他却烦恼丛生。

于是，他去找心理医生。心理医生说："浮躁！无病呻吟！你曾看过章鱼吧？有一只章鱼，在大海中，本来可以自由自在地游动，寻找食物，欣赏海底世界的景致，享受生命的丰富情趣。但它却找了个珊瑚礁，然后动弹不得，焦躁不安，呐喊着说自己陷入绝境，你觉得如何？"心理医生用故事的方式引导他思考。

心理医生提醒他："当你陷入烦恼的浮躁反应时，记住你就好比那只章鱼，要松开你的八只手，用它们自由游动。系住章鱼的正是自己的手臂。"

就像本例一样，人心很容易被种种烦恼所捆绑。但都是自己把自己关进去的，心态浮躁是自投罗网的结果，就像章

第五章　探索心理世界

鱼,作茧自缚,而从不想着走出来,最后让浮躁毁了自己。

就像文中的那样,有些人做事缺少恒心,见异思迁,急功近利,不安分守己,总想投机取巧,成天无所事事,脾气大。面对急剧变化的社会,他们不知所措,对前途毫无信心,心神不宁,焦躁不安。丧失了理智,做事莽撞,缺乏理性,甚至会做出伤天害理、违法乱纪的事情。

人们的生活水平提高了,度过了那些挨饿的岁月,但人的欲望也在一天天的滋长着。一些刚走出象牙塔的大学生,很着急,急于把花掉的学费尽快挣回来,急于孝敬父母,急于找女朋友,急于结婚、买房、买车,急于出国旅行……但这一切都需要不菲的钱财,因此发大财的心理已牢牢地扎在心底,而不去考虑自己的专业成就、工作成果。

以上这些,都是因为浮躁。再比如阅读,书在眼前像梦境一样凌乱难懂,即使强迫自己看下去,意识也只是在字面上一掠而过,什么也没记住,心思根本不在书上,更别说书之精髓了,书成了人们打发时间的工具。浮躁使你烦躁难耐,兴奋难抑,坏脾气如善斗的公鸡。

人们之所以陷入了浮躁的误区,原因就是失衡的心态在作祟。当自己不如别人,当压力太大、过于繁忙、缺乏信

仰、急于成功、过分追求完美等等问题出现，而又不能得到满意地解决时，便会心生浮躁。或者说，浮躁的产生是因为心理状态与现实之间，发生了一种冲突和矛盾。浮躁的基本特征就是急功近利，欲壑难填，形式上就是浮华，思想本质上就是不劳而获。更为严重的是，浮躁就像人生成功路上的毒瘤，而且它们可以互相传染，甚至迅速蔓延，它使在这种特定背景下成长的一代人形成了某种可怕的人生观和价值观。

是什么使我们的远大理想化为泡影？是什么使我们的生活杂乱无章？是意识和行为的不能自制。而导致意识和行为不能自制的正是浮躁。被浮躁控制的直接后果便是一无所成。浮躁已在交友、恋爱、婚姻、工作、事业之中潜移默化地影响着我们生活的各个角落。

车水马龙、霓红闪烁、香车美女、别墅洋楼、鱼翅燕窝、鲍鱼熊掌……在这个处处充满诱惑的时代，我们很容易进入浮躁的误区。

做学问也好，办企业也罢，其实不论做什么都来不得半点浮躁。一个人浮躁，结果是个人受损；一个企业浮躁，结果是企业破产。只有静下心来踏踏实实做事，才不会被浮躁所左右。

第五章　探索心理世界

感激生活

感激的心情与生活满足也有很大关系。心理学研究显示，把自己感激的事物说出来和写出来能够扩大一个成年人的快乐。感激自己衣食无忧，感激自己健康地活着，感激自己有亲人陪伴，感激自己是自由的，感激自己还有一个美好的未来，感激过去他人赠予你的一切，等等。心怀感激，我们会从生活中获得更多的快乐。

现代经济心理学从人类对金钱的认知角度上，再次阐明：金钱与幸福无关。下面，我们看美国华裔经济学家奚教授1998年发表的冰淇淋实验：

有两杯哈根达斯冰淇淋，一杯冰淇淋A有7盎司，装在5盎司的杯子里面，看上去快要溢出来了；另一杯冰淇淋B是8盎司，但是装在了10盎司的杯子里，所以看上去还没装满。你愿意为哪一份冰淇淋付更多的钱呢？如果人们喜欢冰淇淋，那么8盎司的冰淇淋比7盎司多，如果人们喜欢杯子，那么10盎司的杯子也要比5盎司的大。

可是实验结果表明，在分别判断的情况下，也就是不能把这两杯冰淇淋放在一起比较的情况下，人们反而愿意为分量少的冰淇淋付更多的钱。实验表明：平均来讲，人们愿意花2.26美元买7盎司的冰淇淋，却不愿意用1.66美元买8盎司的冰淇淋。

实验的结果契合了卡尼曼等心理学家的观点：人的理性是有限的。通常情况下，人们在作决策时，并不是去计算一个物品的真正价值，而是用某种比较容易评价的线索来判断。比如，在冰淇淋实验中，人们其实是根据冰淇淋到底满不满，来决定支付多少钱买哪一种冰激淋。人们总是非常相信自己的眼睛，实际上目测是最不靠谱的，聪明的商家就善

第五章　探索心理世界

于利用人们的这种心理，制造"看上去很美"的效果。

卡尼曼教授的理论还揭示，从心理学意义上来讲，钱和钱是不一样的。同样是100元，是靠工作挣来的，还是靠买彩票赢来的，或者路上捡来的，从消费的角度来说，意义都是一样的。可是事实却不然。

一般来说，大多数人都会把辛辛苦苦挣来的钱存起来不花，而如果是一笔意外之财，可能很快就花掉了。这证明，人在金钱面前是非理性的，是很主观的，钱并不具备完全的替代性，虽说同样是100元，但在消费者的脑袋里，分别为不同来路的钱建立了两个不同的账户，挣来的钱和意外之财是不一样的。这就是芝加哥大学萨勒教授所提出的"心理账户"所包含的内容和意义。

我们再举一个例子。比如你打算去听一场音乐会，票价是200元。在你马上要出发的时候，你发现你把最近买的价值200元的电话卡弄丢了。你是否还会去听这场音乐会？通过调查表明，大部分人仍旧会去听。

可是，如果情况有所改变，假设你在此之前花了200元钱买了一张听音乐会的票，在你马上要出发的时候，突然发现你

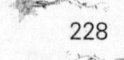

把票又弄丢了。如果你想要听音乐会，就必须再花200元钱买张票，你是否还会去听？结果，大部分人都回答说不去了。

其实仔细想一想，上面这两个回答其实是自相矛盾的。不管丢掉的是电话卡还是音乐会票，总之是丢失了价值200元的东西，从损失的金钱数额上看并没有区别，但是，让人无法理解的是，没有道理丢了电话卡后仍旧去听音乐会，而丢失了票之后就不去听了。

究其原因在于在人们的脑海中，电话卡和音乐会票被归到了不同的账户中，所以丢失了电话卡也不会影响音乐会所在账户的预算和支出，大部分人仍旧选择去听音乐会。但是丢了的音乐会票后，以及需要再买的票都被归入同一个账户，所以看上去就好像要花400元听一场音乐会了。所以人们才会觉得这样不划算，不值得。

虽然金钱只是数字本身的一种物理符号，但是我们每个人依旧希望可以拥有更多的钱，那么，我们为什么想要获得多的钱呢？也许很多人都会说，是为了过上更好的生活。那么我们为什么又希望更好呢？也许，最终的一切只为了一个结果，那就是：拥有幸福。

我们的目的不是为了挣更多的钱，这其实只是我们追求

第五章 探索心理世界

幸福的一种手段。我们之所以想有更多的钱，是想拥有更多的幸福和快乐。因为，从"效用最大化"出发，对人本身最大的效用不是财富，而是幸福本身。所以，归根结底，人们最终追求的是生活的幸福，而不是有更多的金钱。

应该说，财富能够为我们带来幸福，只占很小的一部分因素，人们是否幸福，很大程度上取决于很多和绝对财富无关的因素。虽然近些年随着经济的不断发展，我国的人均GDP翻了几番，但是许多研究发现，人们的幸福程度并没有太大变化，反而是压力增加了不少，幸福指数却不见上升。为什么出现这样的趋势呢？这是因为，人们到底是不是幸福，取决于许多和绝对财富无关的因素。所以，当我们关注财富积累的时候，万万不要无视幸福感的增加。

总之，我们要认识到，在我们这个社会，资源是有限的，机会也是不平等的，所以财富不可能会被每一个人所拥有，人们也不可能因为财富而变得更加幸福和快乐，反而会因为追求财富而弄得伤痕累累。但是，除了财富，我们还可以拥有幸福的感受和快乐的心情，这也是我们每个人都可以掌控的。学会感激生活，珍惜你的幸福感受吧，只有它才是你触手可及的宝藏，才是你获得快乐的源泉。